国家中等职业教育改革发展示范学校建设项目成果系列教材

电气控制线路安装与检修

李　静　主　编
陈海娟　黄　虔　副主编
李志红　莫　慧　主　审

科学出版社
北　京

内 容 简 介

本书依据国家人力资源和社会保障部颁发的相关国家职业标准和职业技能鉴定规范编写而成，主要内容包括实训室基本认识、三相异步电动机基本控制电路的安装与检修、典型机床电气控制线路的检修三大部分。全书共计11个项目。部分项目后附有理论试题精选，便于学生自学和教师教学。

本书紧密结合目前中等职业教育特点，内容充实，通俗易懂，层次分明，条理清晰，结构合理，重点突出。

本书可作为电气控制线路安装与检修教材，也可供从事电气控制线路安装与检修工作的工程技术人员参考。

图书在版编目（CIP）数据

电气控制线路安装与检修/李静主编. —北京：科学出版社，2014
（国家中等职业教育改革发展示范学校建设项目成果系列教材）
ISBN 978-7-03-040779-5

Ⅰ.①电… Ⅱ.①李… Ⅲ.①电气控制－控制电路－安装－中等专业学校－教材②电气控制－控制电路－维修－中等专业学校－教材 Ⅳ.①TM571.12

中国版本图书馆CIP数据核字（2014）第112254号

责任编辑：杜 晓 胡晓阳/责任校对：柏连海
责任印制：吕春珉/封面设计：耕者设计工作室

科学出版社 出版
北京东黄城根北街16号
邮政编码：100717
http://www.sciencep.com

北京虎彩文化传播有限公司 印刷
科学出版社发行 各地新华书店经销

*

2014年10月第 一 版 开本：787×1092 1/16
2014年10月第一次印刷 印张：11 1/4
2020年8月第四次印刷 字数：251 000

定价：29.00元

（如有印装质量问题，我社负责调换〈虎彩〉）
销售部电话 010-62134988 编辑部电话 010-62132124（ST03）

前 言

根据《国家中长期人才发展规划纲要（2010—2020年）》的要求，我国高技能人才占技能劳动者的比例在2020年将达到28%，高技能人才的培养依靠教育，中等职业教育在我国职业教育中占有重要的地位。本书是根据国家人力资源和社会保障部颁发的相关工种国家职业标准和职业技能鉴定规范以及机电技术应用专业“四段渐进”工学结合人才培养方案编写的。

教材是提高教学质量的重要保证，一本好的教材，凝聚了编写团队的共同智慧。本书编写团队由工作在教学、生产一线，长期担任教学任务的教师和企业技术人员共同组成，在一年半的时间里，团队成员通过参加国家职业标准讨论、企业走访等活动，对相关的国家职业标准和企业的工作岗位进行了深入、细致得研究，结合现代职业教育教学的新思路、新方法，精心编写完成本书。

本书共设11个项目，与以往教材有较大不同的是，针对现代企业对管理和安全的要求，特编写了项目1，用多个具体的学习任务，向学生传授管理和安全知识，加强学生的领会，并在第一部分和第二部分的编写设计中引入实践环节，为培养学生良好的职业素养做铺垫；第一部分和第二部分以培养岗位职业能力为目标，以工作任务为引领，由浅入深，循序渐进，精简理论，突出核心技能与实操能力，充分体现“教、学、做合一”的教学思想。

本书由李静担任主编并负责全书的统稿，陈海娟、黄虔担任副主编，李志红、莫慧担任主审并提出了许多宝贵意见。李静老师负责编写项目1～项目9，黄虔老师负责编写项目10和项目11，黄琛、梁国鸣、畦千里、黎宏生、唐明艳老师参与讨论。其中项目1、项目10和项目11得到了南宁化工股份有限公司韦学艺高级工程师和贵州航天精工制造有限公司谢丹贤总工程师的修改指导。

限于时间，本书编写中难免存在不足，请广大读者指正。

目 录

第一部分　接触器控制的三相异步电动机基本控制电路的安装与检修

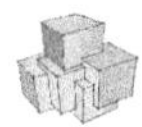

绪　论

【课程性质】

本课程是中等职业学校机电技术应用专业的一门核心课程，适用于中等职业学校机电技术应用专业，是低压电工、电梯维修工及机床维修工等岗位工作的必修课程，其主要功能是使学生掌握电气设备维护及修理工作中常用的低压元器件的识别、常用低压电气控制线路工作过程分析及普通机床工作过程的分析等知识，具备低压元器件检查、低压控制电路安装、低压控制电路检修及万用表检查电路基本技能，并为学习电工上岗培训、维修电工中级工技能训练、PLC控制技术与实训及自动化设备及生产线调试与维护课程做好准备，能胜任普通住房小区电工、一般企业厂区电工、电梯维修工及常用生产机械电气控制线路维修工等岗位。

【课程目标】

1. 知识目标

1）能理解常用低压电器的基本原理及电动机基本控制线路的工作原理。

2）能描述常用低压电器的结构和选用原则及电动机基本控制线路的分析。

3）能识记常用低压电器的功能、电动机基本控制线路的构成。

4）能识记电动机基本控制线路的电路图。

5）能描述低压维修电工安全操作规程。

2. 技能目标

1）会使用万用表检查常用低压电器。

2）会根据电动机基本控制线路图安装电路。

3）会使用万用表检查常用电动机基本控制线路。

4）当电路不正常时，会使用万用表找出电路的故障并排除，最终保证电路正常工作。

3. 态度目标

1）具有从事维修低压电工岗位、电梯维修工岗位及机床维修工岗位的安全工作意识。

2）具备基本职业能力；能养成遵守工作时间及能按时完成工作任务的习惯。

3）具备一定的社会能力：能与同事交流和合作，能正确处理与领导的关系。

【必备用具】

1）仪表：万用表。

2）工具：测电笔、尖嘴钳、斜口钳、剥线钳和螺钉旋具。

【考核办法】

本课程作为理实一体化课程，考核建议采用100分制，其中平时学习占60%、期末考试占40%；由于课时多，学习时间比较长，建议在学习过程中设阶段性测验，如表0-1所示。

表 0-1 学习成绩评价表

赋值分	平时学习 60%		期末考试 40%		总分
	电路分数 70%	测验分数 30%	理论知识 40%	操作技能 60%	100
实得分					

其中，期末考试和阶段性测验都应该设计理论知识和操作技能两个部分。电路分数为所学习的所有单元电路的平均分，每个单元电路的分数由指导教师根据学生完成学习任务的情况和表现情况给予客观、公正、全面的评价，具体评价可参考每一个学习项目后的评分表。

项目 1 步入实训室

在“电气控制线路安装与检修”课程教学的全过程中必须保证人身安全、设备安全和仪表安全，实现安全文明生产。

项目概述

本项目的主要内容是进行实训室管理制度和实训安全的培训。熟悉实训守则十要十不准和实训室 6S 管理制度，以及实训室用电安全操作规程、实训室内人员紧急疏散及电气灭火。通过学习，学生能在正式实训过程中自觉遵守管理制度，逐步养成规范、安全的操作习惯。

知识目标

1. 牢记实训守则十要十不准和车间 6S 管理制度。
2. 掌握查询实训室内电源参数的方法。
3. 了解实训室内可能出现的触电种类。
4. 熟悉电工安全操作规程。
5. 掌握实训室内人员紧急疏散的方法。
6. 掌握实训室发生电气火灾的处理方法。

能力目标

1. 能正确使用测电笔测试是否有电。
2. 能正确切断实训室的电源。
3. 能严格按电工安全操作规程操作。
4. 面对突发事件，能安全、迅速撤离实训室。
5. 能正确使用干粉灭火器进行电气灭火。

规范标准

1. 6S 管理制度。
2. 《编制电气安全标准的导则》(GB/T 16499—1996)。

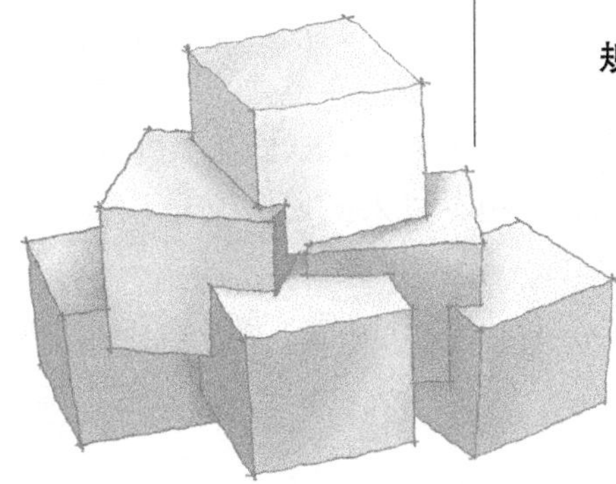

任务1.1 认识实训室

学习本课程，首先要熟悉实训室环境，然后牢记实训守则“十要十不准”。

1.1.1 相关知识：实训室环境及实训守则认知

1. 了解实训室环境

实训室场地面积大，空间宽敞，里面配备有教学用的380V三相交流电源插座及开关、各种低压元器件、电动机，以及教学用的相关设施等，既是教学场地，也是生产车间，与传统教室相比设施复杂，尤其在实训期间因为教学和生产的实际需要，危险系数大。工作人员必须树立“安全第一”的意识，遵守实训室管理规章制度，不得有任何违反安全管理的行为。传统教室和实训室对比见表1-1。

表1-1 传统教室与实训室对比

类别	传统教室	实训室
现场照片		
特点	设施简单、相对安全	设施复杂、危险性大

2. 实训守则“十要十不准”

遵守实训守则是消除安全隐患的重要方法，进入实训室必须遵守实训守则，否则将可能造成安全事故。实训守则“十要十不准”的具体内容如下：

一要：衣着要符合安全要求，要佩戴胸卡，女生长辫要束起来，如图1-1所示。

一不准：不准穿背心、短裤、裙子、高跟鞋、凉鞋、拖鞋进入实训场地。

二要：要提前五分钟进入实训场地，如图1-2所示。

二不准：不准迟到、早退、旷课，请假要办手续，不大声喧哗、嬉笑打闹、玩手机。

三要：要按教师分配的岗位工作，如图1-3所示。

三不准：不准串岗、脱岗，不准做与实训无关的事情。

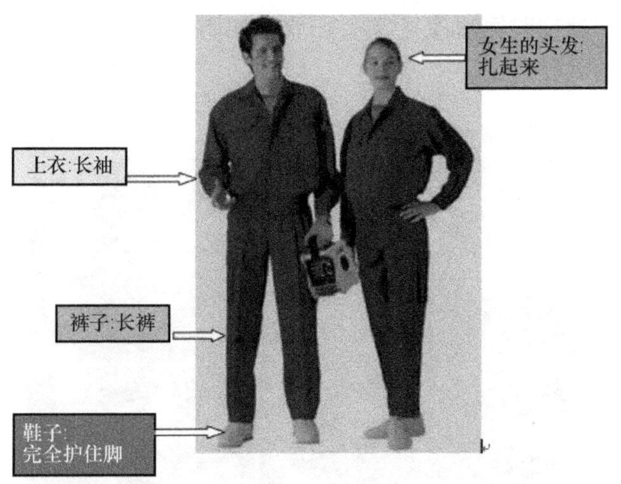

图 1-1 着装要求

图 1-2 时间要求

图 1-3 按岗位工作

四要：要认真听教师讲解，仔细观看教师操作，如图 1-4 所示。

四不准：不准顶撞教师和师傅。

五要：要严格遵守安全操作规程，如图 1-5 所示，集中注意力，确保人身和设备安全。

五不准：不准动与本次实习无关的设备，不得做任何威胁实训室和实训者安全的事情。

图 1-4 认真听讲解、看操作

图 1-5 遵守安全操作规程

六要：要保质保量按时完成生产实习任务，如图 1-6 所示。

六不准：不准拖延时间。

图 1-6　保质保量

七要：要爱护设备（图 1-7）、工具和仪表，节约材料。

七不准：不准私带电器元件及各种材料出实训室。

八要：要互相关心，互教互学，取长补短，如图 1-8 所示。

八不准：不准叫别人或代别人做实训、考核工作。

图 1-7　设备

图 1-8　互相学习

九要：下课要关好电开关、关好门窗（图 1-9）。

九不准：不准乱拿别人工具、材料。

十要：要保持实训室整齐美观（图 1-10）。

十不准：不准吸烟、随地吐痰、丢果皮、杂物。

图 1-9 检查开关、关好门窗

图 1-10 整齐美观

1.1.2 实践训练：对比实训室和传统教室并简述实训守则

1）填写实训室和传统教室的对比表（表 1-2）。

表 1-2 实训室和传统教室对比

名称	设施	面积（m^2）	安全性	要求
实训室				
传统教室				

2）简述实训守则十要十不准。

1.1.3 学习测评：实训守则训练测评

任务 1.1 的测评考核见表 1-3。

表 1-3 实训守则测评考核

名称	要求	测评考核		备注
		自测值	互测值	
十要	能用自己的语言分别描述十要			
十不准	能用自己的语言分别描述十不准			

任务 1.2 认识6S管理

为了学习和训练的双重需要，同学们在实训室的学习过程中需要经常使用仪表、工具和各类元器件，实训室为了提高学习效率、初设一个清洁、有序的学习环境，同学们必须能整理好仪表、工具和元器件，能保持实训室环境卫生。

1.2.1 相关知识：6S及其在实训室的诠释与目的认知

6S是指在生产现场中对人员、机器、材料、方法等生产要素进行有效管理的方法。所谓6S是指整理（SEIRI）、整顿（SEITON）、清扫（SEISO）、清洁（SEIKETSU）、素养（SHITSUKE）和安全（SAFETY）这六个项目。

知识窗

6S管理法来源于5S管理法，5S管理法起源于日本。1955年，日本的5S的宣传口号为“安全始于整理整顿，终于整理整顿”。当时只推行了两个S，其目的仅为了确保作业空间和安全。随着生产和品质控制的需要，又逐步提出后续的3S：清扫、清洁和修养。到了1986年，日本关于5S的著作逐渐问世，对企业的现场管理模式产生了积极的推进作用。在丰田公司的倡导推行下，5S对于塑造企业形象、降低成本、准时交货、安全生产、高度的标准化、创造良好的工作场所及改善现场等方面发挥了巨大作用，逐渐被世界各国的管理界所认识，并由此掀起了5S热潮。现在5S已广泛应用于制造业、服务业，有效改善了企业的现场环境，促进了员工的思维方法，使企业有效地实现全面质量管理。有的企业在5S的基础上增加了安全（SAFETY），形成了6S。

6S在实训室的诠释及目的如下。

1. 整理（图1-11）

定义：区分要与不要的物品，工作现场只保留必须的物品。

目的：①增加作业面积；②现场无杂物，行道通畅，减少磕碰的机会；③改进工作作风，提高工作情绪。

2. 整顿（图1-12）

定义：必需品依规定定位，按方法摆放有序，明确标示。

目的：不浪费时间寻找物品，提高工作效率和产品质量。

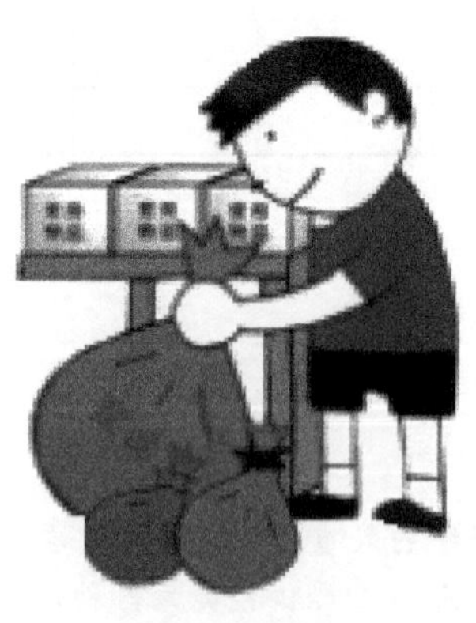

图1-11 整理

图1-12 整顿

3. 清扫（图1-13）

定义：清除现场脏污和作业区域的物料垃圾，保持工作场所干净、亮丽的环境。

目的：保持工作场所干净、明亮。

4. 清洁（图1-14）

定义：将上述3S实施的做法制度化、规范化，维持成果。

目的：认真维护并坚持整理、整顿、清扫的效果，使其保持最佳状态。

图1-13 清扫

图1-14 清洁

5. 素养（图1-15）

定义：人人按规章操作、依规定行事，养成良好的习惯，使每个人都成为有素养的人。

目的：培养具有良好习惯、遵守规则的员工，营造团体精神。

6. 安全（图1-16）

定义：重视成员的安全教育，每时每刻都有“安全第一”的观念，防患于未然。

目的：建立安全的生产和教学环境，所有工作应建立在安全的前提下。

图1-15 素养

图1-16 安全

1.2.2 实践训练：简述实训室6S管理制度

简述实训室6S管理制度。

1.2.3 学习测评：6S管理制度认知测评

任务1.2的测评考核见表1-4。

表1-4 6S管理制度测评考核

名称	要求		测评考核		备注
			自测值	互测值	
1S	掌握定义	明确目的			
2S	掌握定义	明确目的			
3S	掌握定义	明确目的			
4S	掌握定义	明确目的			
5S	掌握定义	明确目的			
6S	掌握定义	明确目的			

任务1.3 实训室电源及其危险性

为了实训任务的有效进行，实训室配备了380V三相交流电源插座及开关，方便同学们使用。然而380V三相交流电源对人体极具威胁性，一旦碰触它，人体就会受到伤害。所以，在使用380V三相交流电源前，同学们必须对它及其危险性有充分的认识。

1.3.1 相关知识：实训室电源类型、电流对人体的伤害、人体触电的形式及过程认知

1. 查明实训室电源类型的方法

第一步，先找到实训室的进户线，沿着进户线找到实训室电源的总开关，从总开关的参数表中查明实训室电源的电压、相数、频率等参数，如图1-17所示。

第二步，用测电笔测试电源是否有电。

第三步，用万用表测量实训室电源的电压。

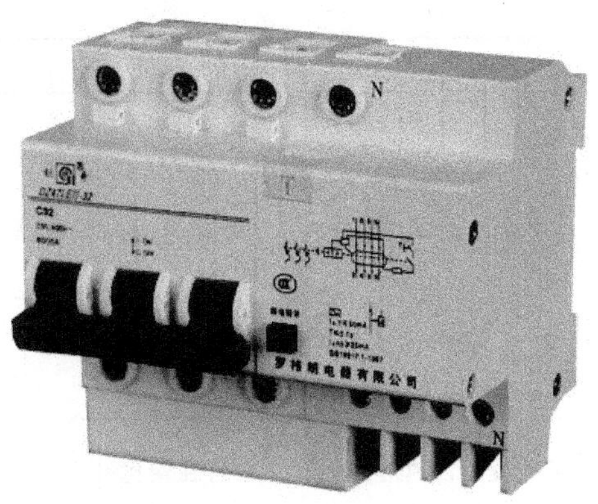

图 1-17　实训室电源总开关

2. 电流对人体的伤害

电流会使人体的各种生理机能失常或遭受损害，如烧伤、呼吸困难、心脏停搏等，严重时会危及生命，如图 1-18 所示。

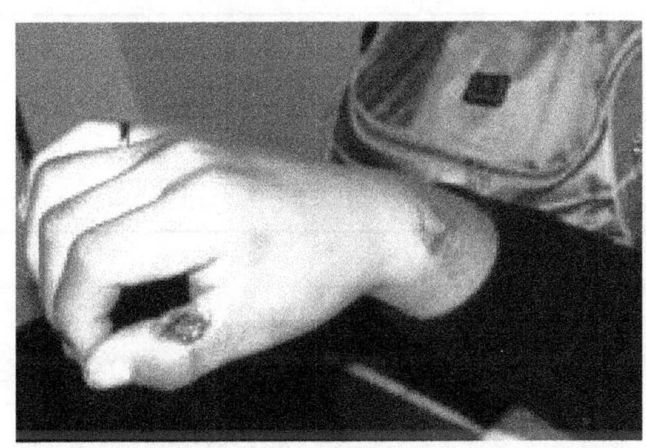

图 1-18　电流对人体的伤害

3. 人体触电的形式

380V 三相交流电源可能引起的触电形式有三种，即单相触电、两相触电和跨步电压触电，如表 1-5 所示。

表 1-5　人体触电的形式

触电形式	特点	图示
单相触电	当人体某一部位与大地接触，另一部位与一相带电体接触所致的触电事故称为单相触电	L1 L2 L3

续表

触电形式	特点	图示
两相触电	发生触电时，人体的不同部位同时触及两相带电体，称为两相触电	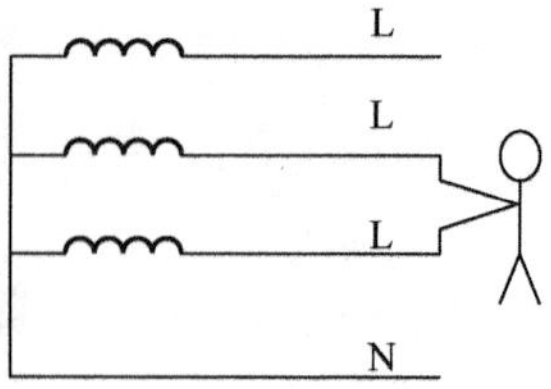 L L L N
跨步电压触电	当输电线出现断线故障，掉落到地时，容易在输电线周围地面产生一个以此电线落地点为圆心的相当大的电场，离圆心越近电压越高，离圆心越远电压越低。当人走进距圆心 10m 范围内，双脚迈开时，势必出现电位差，这就是跨步电压。电流从电位高的一脚进入，由电压低的一脚流出，流过人体而使人体触电，称为跨步电压触电	

4. 触电时电流流过人体的路径

触电时，常见电流流过人体的路径，如表 1-6 所示。

表 1-6　常见电流流过人体的路径

电流途径	图示	电流途径	图示
左手—双脚		左手—右手	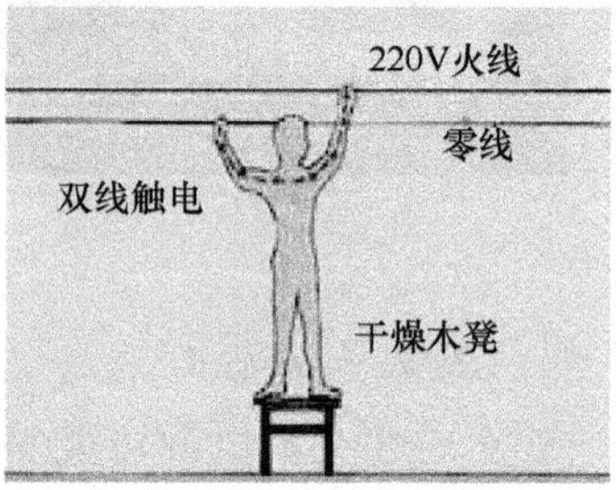 220V火线 零线 双线触电 干燥木凳
右手—双脚	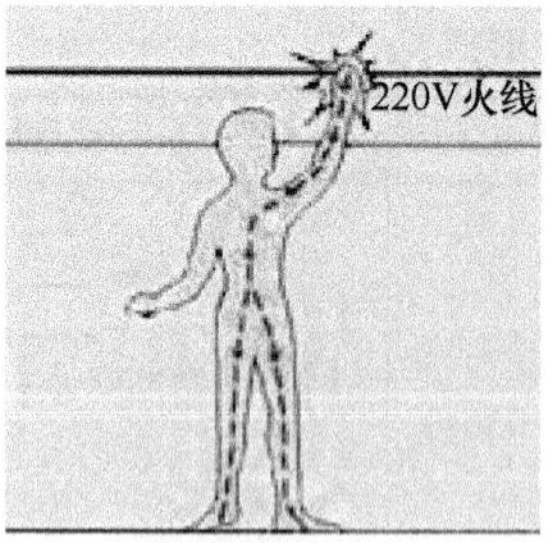 220V火线	左脚—右脚	

流过心脏的电流越大、电流路线越短则电击危险性越大。可用心脏电流因数粗略衡量不同电流途径的危险程度，如表 1-7 所示。

表 1-7 心脏电流因数

电流途径	心脏电流因数	电流途径	心脏电流因数
左手—左脚、右脚或双脚	1.0	背—右手	0.3
双手—双脚	1.0	胸—左手	1.5
右手—左脚、右脚或双脚	0.8	胸—右手	1.3
左手—右手	0.4	臀部—左脚、右脚或双脚	0.7
背—左手	0.7		

1.3.2 实践训练：实训室电源认知操作实训

1）实训室电源是__________相__________线电源。从电源开关的参数看，电压是__________V__________（交、直）流电。万用表测量的线电压是__________V、相电压是__________V。

2）在实训的过程中，有可能出现的单相触电有哪些？两相触电有哪些？跨步电压触电有哪些？

3）在对实训室的电源通电、断电操作过程中，应该使用左手还是右手，为什么？

1.3.3 学习测评：实训室电源及其危险性认知测评

任务 1.3 的测评考核见表 1-8。

表 1-8 实训室电源及其危险性

名称	要求	测评考核		备注
		自测值	互测值	
实训室电源	正确、快速			
实训室可能出现的触电种类	准确判断			
实训室电源操作	正确认识			

任务1.4 电工安全操作规程

在长期使用 380V 交流电源的过程中，电工们经历了太多的教训，也已经积累了丰富的经验，总结出了电工安全操作规程。实践证明，只要按照电工安全操作规程进行操作，电工完全可以将用电危险性降到最低甚至杜绝。同学们必须认真理解电工安全操作规程的各项规定，严格执行电工安全操作规程。

1.4.1 相关知识：电工安全操作规程认知

1）电气操作人员应思想集中，电器线路在未经测电笔确定无电前，应一律视为"有电"，不可用手触摸，不可绝对相信绝缘体，应认为有电操作，如图 1-19 所示。

2）工作前应详细检查自己所用工具是否安全可靠，穿戴好必需的防护用品，以防工作时发生意外，如图 1-20 所示。

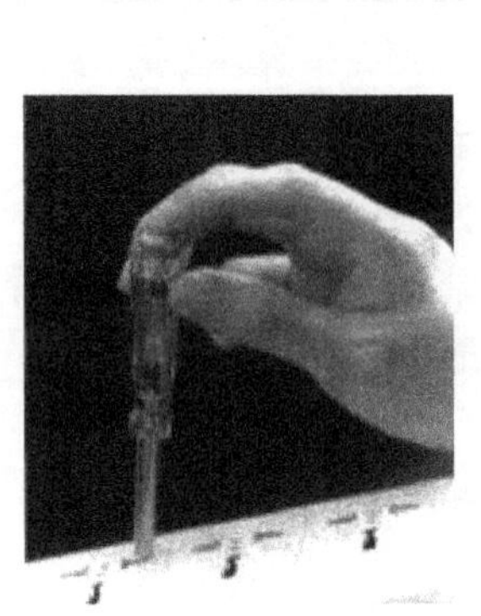

图 1-19 验电

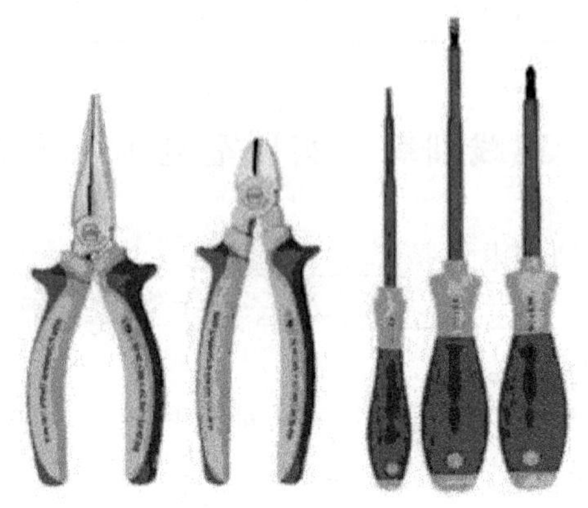

图 1-20 使用工具安全可靠

3）维修线路应采取必要的措施，在开关手把上或线路上悬挂"禁止合闸、有人工作"的警告牌，防止他人中途送电，如图 1-21 所示。

图 1-21 警告牌

4）使用测电笔时应注意测试电压范围，禁止超出范围使用，电工人员一般使用的电笔，只许在 500V 以下电压使用，如图 1-22 所示。

5）工作中所有拆除的电线应处理好，带电线头应包好，以防发生触电，如图 1-23 所示。

6）所用导线及保险丝，其容量大小必须合乎规定标准，选择开关时必须大于所控制设备的总容量，如图 1-24 所示。

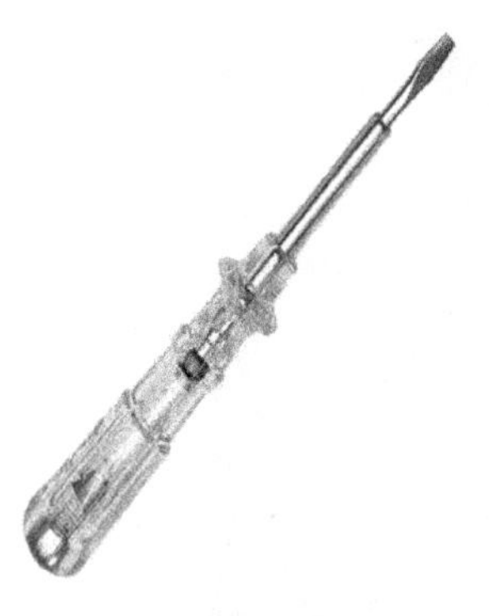

图 1-22　电笔禁止超出测试电压范围使用

图 1-23　包好带电线头

图 1-24　保险丝容量合乎规定标准

7）工作完毕后，必须拆除临时地线，并检查是否有工具等物遗落在电杆上，如图 1-25所示。

图 1-25　工作完毕拆除临时地线

8）检查完工后，送电前必须认真检查，看是否合乎要求并和有关人员联系好，方能送电，如图 1-26 所示。

9）发生火警时，应立即切断电源，用四氯化碳粉质灭火器或黄沙扑救，严禁用水扑救，如图 1-27 所示。

10）工作结束后，全部工作人员必须撤离工作地段，拆除警告牌，所有材料、工具、仪表等随之撤离，原有防护装置应恢复安装，如图 1-28 所示。

图 1-26　送电前认真检查

图 1-27　火警立即切断电源，用粉质灭火器扑救

图 1-28　工作结束后，恢复原有装置

11）操作地段清理后，操作人员应亲自检查。如需送电试验，一定要和有关人员取得联系，以免发生意外，如图 1-29 所示。

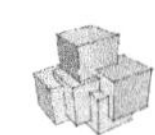

图 1-29 送电试验要和有关人员进行联系

1.4.2 实践训练：电工安全操作规程认知实训

简述电工安全操作规程。

1.4.3 学习测评：电工安全操作规程认知测评

任务 1.4 的测评考核见表 1-9。

表 1-9 电工安全操作规程测评考核

名称	要求	测评考核		备注
		自测值	互测值	
电工安全操作规程	简述			

任务 1.5 实训室人员紧急疏散

当出现地震、火灾及其他突发事件等灾害时，实训室所有人员需要沉着冷静，按照规定的紧急疏散路线迅速、有序地撤离疏散到操场，等待学校统筹安置。

1.5.1 相关知识：实训室人员紧急疏散须知

根据学校布局，实训室人员紧急疏散后，重新集中的最佳目的地是操场，如图 1-30所示。

图 1-30　紧急疏散后，重新集中的最佳目的地是操场

实训室紧急疏散首先必须充分熟悉实训室紧急出口分布图，然后根据紧急疏散的相关注意事项合理组织。

1. 实训室紧急出口分布

实训室紧急出口分布图如图 1-31 所示。

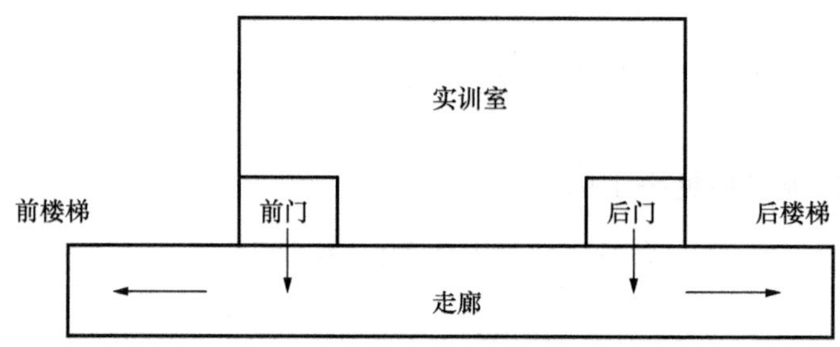

图 1-31　实训室紧急出口分布

从布局图可以清晰看到：实训室的紧急出口有前门、后门，一共两个。由此推算出紧急疏散的路径为两条，一条从前门出来，沿着走廊到前楼梯，由前楼梯下楼到操场；另一条从后门出来，沿着走廊到后楼梯，由后楼梯下楼到操场。

2. 疏散过程中的注意事项

疏散过程如图 1-32 所示。

1）实训室内学生在上课教师、班长的组织下分成前后两部分，依次从前后门离开教室，前部分同学沿走廊内侧，后部分同学沿走廊外侧，疏散时要安静、有序。

2）下楼梯时，高楼层的学生沿楼梯扶手一侧，低楼层的学生沿扶手对面的墙壁一侧，按疏散路线快速有序撤离。

3）疏散时不要惊慌，服从指挥，动作敏捷、规范，严禁推拉、冲撞、拥挤、喧哗，上课教师应在学生疏散后方可离开。

4）必须按规定线路撤离疏散，切记不能穿越建筑物，应尽量避开建筑物和电杆、电线等，应照顾体弱、生病、受伤的同学，给予他（她）们必要的帮助。

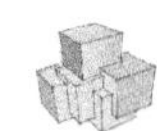

图 1-32　疏散的过程图

5）到达操场集中地后，以班级为单位蹲下集合，立即组织清点人数，及时报告有关情况。

1.5.2　实践训练：实训室人员紧急疏散演习

填写实训室紧急疏散任务表（表 1-10）。

表 1-10　实训室紧急疏散任务表

1. 你选择的目的地__________	A. 宿舍	B. 校园空旷地（如操场）
2. 你选择从实训室的__________门离开	A. 前	B. 后
3. 到走廊后，你选择从走廊的__________侧到楼梯	A. 内	B. 外
4. 沿楼梯下楼时，你选择__________一侧到一楼	A. 扶手	B. 墙壁

1.5.3　学习测评：实训室人员紧急疏散技能测评

任务 1.4 的测评考核见表 1-11。

表 1-11　紧急疏散测评考核

名称	要求	测评考核		备注
		自测值	互测值	
实训室紧急疏散任务表	正确填写			

拓展训练

以实训室为例，制订一个最佳的教室紧急疏散方案（紧急疏散方案仅考虑从门出入），并以尽量简洁的语言为教室管理部门作一份教室紧急疏散方案告示（每个小组完成一份）。

任务1.6 实训室电气火灾处理方法

当实训室出现电气火灾时，同学们需要冷静、积极地应对。首先按照“电工安全操作规程”的要求切断电源，接着报警，同时迅速取用实训室配备的干粉灭火器，正确使用干粉灭火器进行电气灭火。

1.6.1 相关知识：实训室电气火灾应急处理办法须知

1. 切断实训室电源

1）断开实训室电源的总开关。

2）用电工专用的尖嘴钳剪断电源线，注意必须一根一根地剪切，避免剪切时发生短路事故，如图1-33所示。

2. 报警

1）报警原则：报警早、损失小。

发生火灾时，在场人员应及时通过电话向火警“119”台和学校保卫处值班室报警。

2）报火警时应做到：

① 沉着镇定，不要拨错电话，以免延误时间。

② 讲清着火单位的名称地址，如哪个部门、什么位置和什么明显标志。

③ 清楚了解燃烧的是什么物质，起火部位，火势大小，有无人员被困，以及报警人的姓名、单位和电话号码，以便及时联系。

④ 报警后，应立即派人在路口等候，引导接应消防车进入火场灭火。

⑤ 报警时，应组织在场人员立即扑救火灾和疏散人员、转移物资。

3. 距离实训室最近的干粉灭火器

发生电气火灾时，必须使用干粉灭火器灭火，实训室门外前后走廊的尽头都配备有干粉灭火器，如图1-34所示。

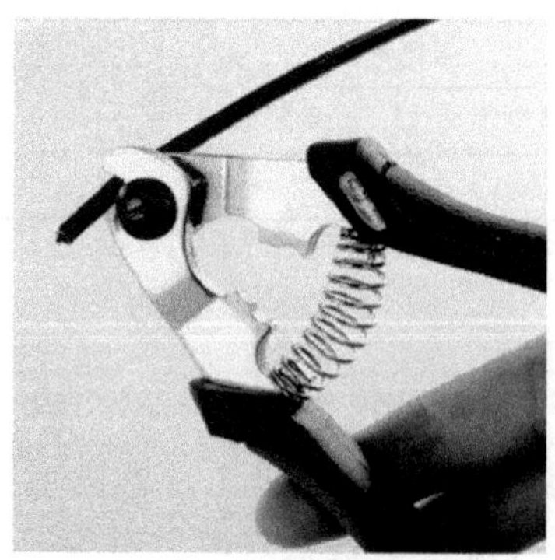

图1-33 剪断电源线，必须一根一根地剪切

图1-34 距离实训室最近的干粉灭火器

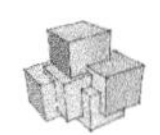

4．干粉灭火器

1）干粉灭火器的原理。

灭火器内充装的是干粉灭火剂。干粉灭火剂是用于灭火的干燥且易于流动的微细粉末，由具有灭火效能的无机盐和少量的添加剂经干燥、粉碎、混合而成微细固体粉末组成。它是一种在消防中得到广泛应用的灭火剂，且主要用于灭火器中。干粉灭火剂主要通过在加压气体作用下喷出的粉雾与火焰接触、混合时发生的物理、化学作用灭火。

2）干粉灭火器的使用方法。

① 应手提灭火器的提把，迅速赶到着火处，如图1-35所示。

② 在距离起火点5m左右处，在室外使用时，应占据上风方向。

③ 使用前，先把灭火器上下颠倒几次，使筒内干粉松动，如图1-36所示。

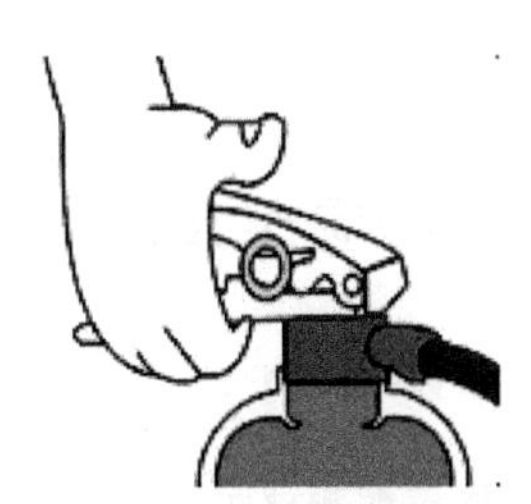

图1-35　提起干粉灭火器

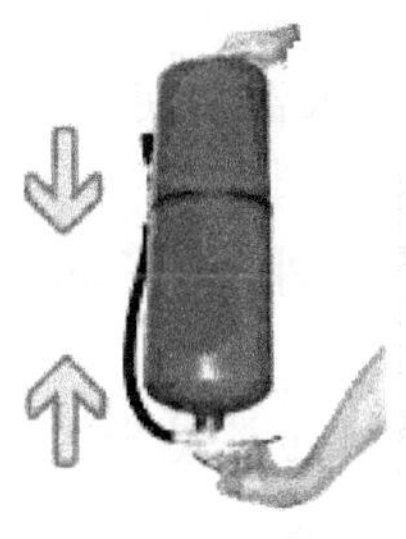

图1-36　上下颠倒灭火器

④ 如使用的是内装式或贮压式干粉灭火器，应先拔下保险销，一只手握住软管，另一只手用力压下压把，干粉便会从喷嘴喷射出来，如图1-37所示。

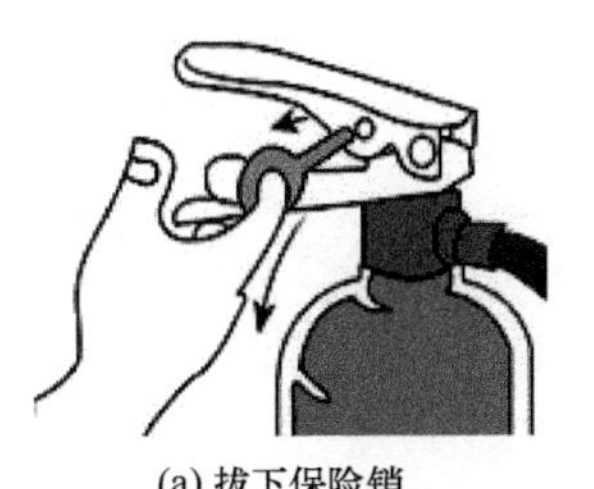

(a) 拔下保险销

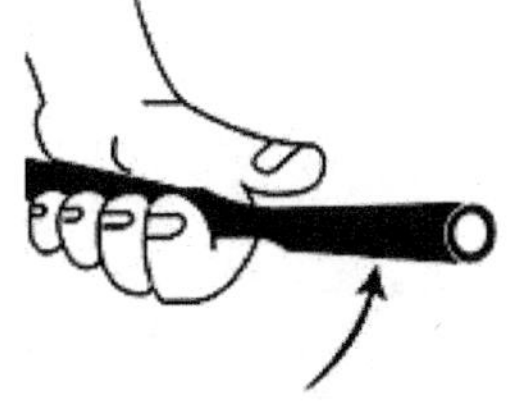

(b) 握住软管

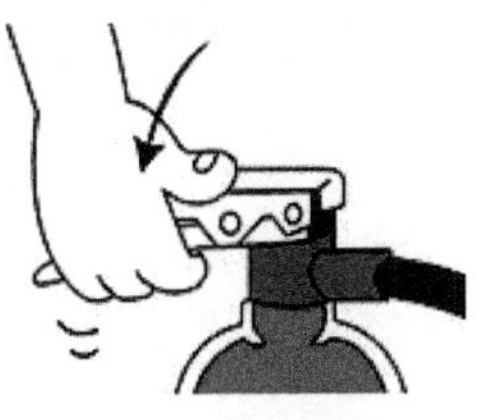

(c) 用力压下压把

图1-37　干粉灭火器的使用方法

⑤ 用干粉灭火器扑救流散液体火灾时，应从火焰侧面对准火焰根部喷射，并由近而远，左右扫射，快速推进，直至把火焰全部扑灭。

⑥ 用干粉灭火器扑救容器内可燃液体火灾时，亦应从火焰侧面对准火焰根部，左右扫射。灭火时应注意不要把喷嘴直接对准液面喷射，以防干粉气流的冲击力使油液飞溅，引起火势扩大，造成灭火困难。

⑦ 用干粉灭火器扑救固体物质火灾时，应使灭火器喷嘴对准燃烧最猛烈处，左右扫射，并应尽量使干粉灭火剂均匀地喷洒在燃烧物的表面，直至把火全部扑灭。

⑧ 干粉灭火器在灭火过程中应始终保持直立状态，不得横卧或颠倒使用，否则不能喷粉。

1.6.2 实践训练：实训室电气灭火重要信息认知与干粉灭火器使用训练

1）填写实训室电气灭火重要信息表，见表 1-12。

表 1-12 实训室电气灭火重要信息表

火警电话	
学校保卫处值班室电话	
干粉灭火器的位置	

2）简述干粉灭火器的使用方法。

1.6.3 学习测评：实训室电气火灾应急办法应用技能测评

任务 1.6 的测评考核见表 1-13。

表 1-13 实训室电气火灾应急办法应用技能测评考核

名称	要求	测评考核		备注
		自测值	互测值	
实训室电气灭火重要信息	填写正确			
干粉灭火器的使用方法	简述			

第一部分

接触器控制的三相异步电动机基本控制电路的安装与检修

现代工农业生产中，普遍使用电动机拖动生产机械，电动机的运动方式主要是旋转，如下图所示。用电动机拖动生产机械，称为电力拖动。电力拖动由三部分组成，即电动机、电动机的控制和保护电器、电动机与生产机械的传动装置。

三相异步电动机具有结构简单、工作可靠、维护方便、效率高、体积小和价格低等优点，在生产机械中应用最广泛，本课程介绍的电气控制线路中使用的电动机是三相异步电动机。

不同生产机械设备有着不同的电气控制线路，无论简单还是复杂，都由几个基本控制线路组合而成，即点动控制电路、连续运行控制电路、正反转控制电路、自动往返控制电路、顺序控制电路、降压起动控制电路和制动控制电路。

项目2 三相异步电动机点动控制电路的安装与检修

知识目标

1. 掌握组合开关的作用、结构、选择方法、图形文字符号和安装要求。

2. 掌握熔断器的作用、结构、选择方法、图形文字符号和安装要求。

3. 掌握交流接触器的作用、结构、选择方法、图形文字符号和安装要求。

4. 掌握按钮的作用、结构、选择方法、图形文字符号和安装要求。

5. 正确识读三相异步电动机点动正转控制电路的原理图、接线图和布置图。

6. 正确理解三相异步电动机点动正转控制的工作原理。

能力目标

1. 初步掌握板前明线布线方法。

2. 能按照工艺要求正确安装三相异步电动机点动控制电路。

3. 会根据故障现象，检修三相异步电动机点动控制电路。

情感目标

1. 有从事维修低压电工岗位的安全工作意识。

2. 能养成遵守工作时间及能按时完成工作任务的习惯。

3. 能与同事交流和合作，能正确处理与领导的关系。

规范标准

1. 《电气图常用图形符号》(GB 4728—85)。

2. 《机床电气设备通用技术条件》(GB 5226—85)。

3. 《电气技术中的文字符号制定通则》(GB 7159—87)。

4. 《电气制图》(GB 6988—86)。

5. 《电气技术中的项目代号》(GB 5094—85)。

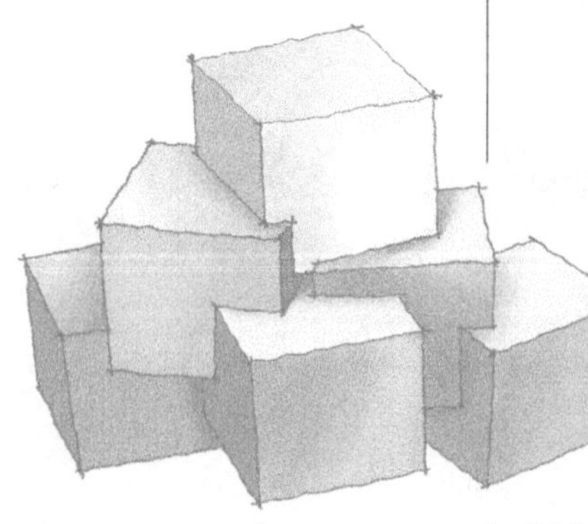

任务2.1　点动控制电路的认知及控制

2.1.1　相关知识：点动控制电路的应用、组成及其控制功能

1. 点动控制在机床上的应用

点动控制是指按下按钮，电动机得电运行；松开按钮，电动机失电停止运行。这个控制方法常用于车床溜板箱快速移动电动机控制，如图 2-1 所示。

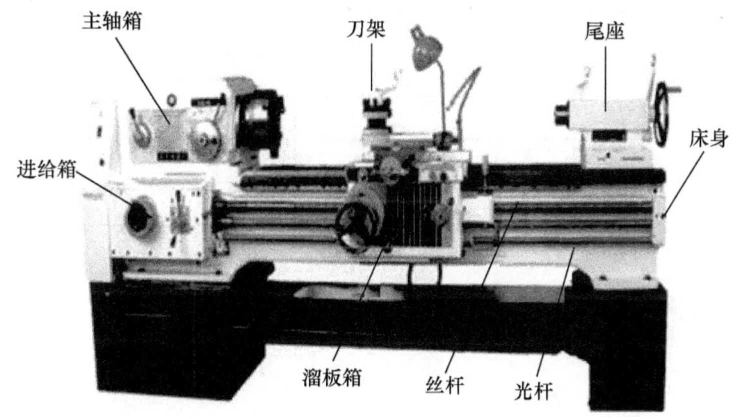

图 2-1　CA6140 型卧式车床的外形

2. 点动控制电路的组成及控制顺序

点动控制电路由组合开关、熔断器、按钮和交流接触器，用导线连接而成，如图 2-2所示。

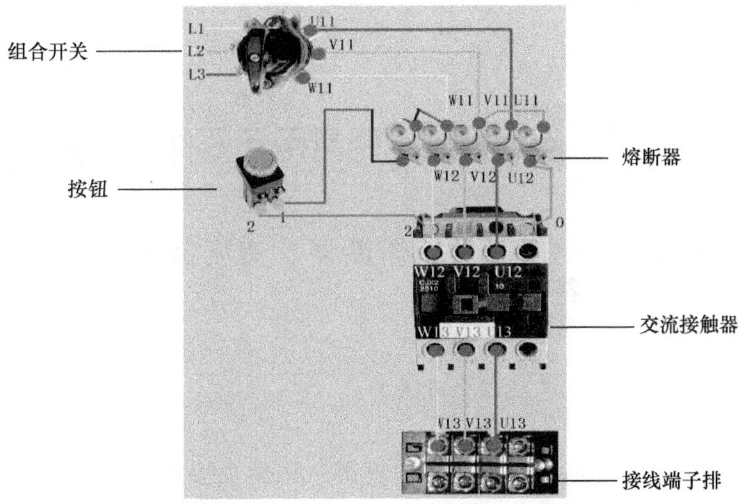

图 2-2　三相异步电动机点动控制电路

电动机通电运行的控制顺序是：合上组合开关→按下按钮→交流接触器动作→电动机通电运行；

电动机断电停止运行的控制顺序是：松开按钮→交流接触器恢复原来状态→电动机断电停止运行→断开组合开关。

2.1.2 实践训练：电动机通电、断电控制

填写电动机通电、断电控制顺序表（表 2-1）。

表 2-1 电动机通电、断电控制顺序

步骤	电动机通电	电动机断电
第一步		
第二步		
第三步		
第四步		

2.1.3 学习测评：点动控制电路控制功能测评

任务 2.1 的测评考核，见表 2-2。

表 2-2 点动控制电路控制功能测评考核

名称	要求	测评考核		备注
		自测值	互测值	
电动机得电	步骤齐全，语句通顺、简练			
电动机断电	步骤齐全，语句通顺、简练			

任务2.2 点动控制电路常用元器件的认知

2.2.1 相关知识：组合开关、熔断器、交流接触器、按钮的结构、符号及作用

1. 组合开关（HZ10-10/3 型组合开关）

（1）组合开关的作用

组合开关是低压开关的一种，主要作隔离、转换及接通和分断电路用，多数用作机床电路的电源开关和局部照明电路的开关，有时也可用来直接控制小容量电动机的起动、停止和正反转。

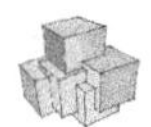

（2）组合开关的结构与图形文字符号

组合开关的外形如图 2-3（a）所示。

组合开关的结构如图 2-3（b）所示。

组合开关的文字符号是 QS，图形符号如图 2-3（c）所示。

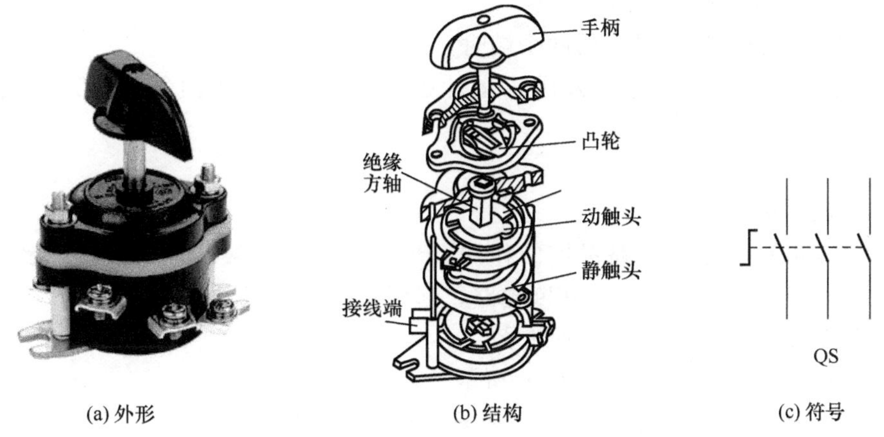

(a) 外形　(b) 结构　(c) 符号

图 2-3　组合开关的外形、结构和符号

（3）组合开关的主要技术数据及选用

组合开关可分为单极、双极和多极三类，主要参数有额定电压、额定电流、极数等，额定电流有 10A、20A、40A、60A 等几个等级。HZ10 系列组合开关主要技术数据，见表 2-3。

表 2-3　HZ10 系列组合开关主要技术数据

型号	额定电压/V	额定电流/A		380V 时可控制电动机的功率/kW
		单极	三极	
HZ10-10	直流 220	6	10	1
HZ10-25	交流 380	—	25	3.3
HZ10-60	—	60	5.5	
HZ10-100	—	100	—	

组合开关应根据电源种类、电压等级、所需触头数、接线方式和负载容量进行选用。用于控制小型异步电动机的运转时，开关的额定电流一般取电动机额定电流的 1.5～2.5 倍。

（4）组合开关的检查

第一步，用观察法查看组合开关的外观结构，结构齐全为好。

第二步，扳动控制手柄，控制手柄能灵活扳动为好。

第三步，用万用表检测触头质量，符合以下检测要求的触头为好。

常闭触头检查：

① 万用表置于 Ω—×1 挡，调零。

② 红黑表笔分别置于触头的两个端时，万用表显示趋近于 0。

③ 用外力将触头断开时，万用表指针回到∞；将触头回复时，万用表指针再趋近于 0。

常开触头检查：

① 万用表置于 Ω—×1 挡，调零。

② 红黑表笔分别置于触头的两个端时，万用表显示∞。

③ 用外力将触头闭合时，万用表指针趋近于 0；将触头回复时，万用表指针显示∞。

2. 熔断器

(1) 熔断器的作用

熔断器在电路中起到短路保护的作用。当熔断器所串接的电路发生短路故障时，熔体产生的热量会使自身熔断而切断电路，起到保护作用。

(2) 熔断器的结构与图形文字符号

熔断器的结构如图 2-4（a）、（b）所示。

熔断器的文字符号 FU、图形符号如图 2-4（c）所示。

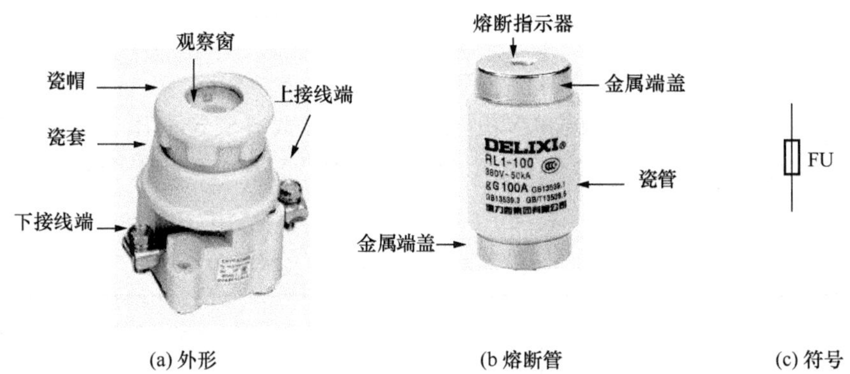

图 2-4　熔断器的外形、结构和符号

(3) 熔断器的主要技术数据及选用

熔断器的型号及其含义，如图 2-5 所示。

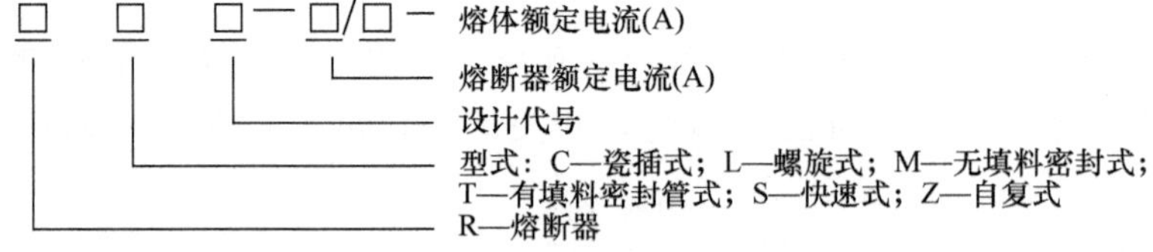

图 2-5　熔断器的型号及其含义

熔断器的额定电压必须大于或等于线路的电压。熔断器的额定电流必须大于或等于熔体的额定电流。

熔体额定电流的选择：

① 对一台不经常起动而且起动时间不长的电动机的短路保护，熔体的额定电流 I_{RN} 应大于或等于 1.5～2.5 倍电动机额定电流 I_N，即：

$$I_{RN} \geqslant (1.5 \sim 2.5) I_N$$

② 对一台起动频繁且连续运行的电动机的短路保护，熔体的额定电流 I_{RN} 应大于或等于 3～3.5 倍电动机额定电流 I_N，即：

$$I_{RN} \geqslant (3 \sim 3.5) I_N$$

③ 对多台电动机的短路保护，熔体的额定电流 I_{RN} 应大于或等于其最大容量电动机额定电流 I_{Nmax} 的 1.5～2.5 倍，加上其余电动机额定的总和 $\sum I_N$，即

$$I_{RN} \geqslant (1.5 \sim 2.5) I_{Nmax} + \sum I_N$$

（4）熔断器的检查

第一步，用观察法查看熔断器的外观结构，结构齐全为好。

第二步，用万用表检测熔体及各连接点的接触质量，符合以下检测要求为好。

① 万用表置于 Ω—×10 挡，调零。

② 红黑表笔分别置于上、下接线端，万用表指针指向零。

③ 移开红黑表笔，万用表指针回到∞。

3. 交流接触器

（1）交流接触器的作用

交流接触器是一种交流电磁开关。用于接通或切断交流电路，同时具有欠压和失压保护作用。其优点是可以实现远距离控制和频繁操作等。

（2）交流接触器的结构与图形文字符号

交流接触器主要由电磁机构、触头系统、灭弧装置和辅助部件等组成，如图 2-6（a）所示。

① 电磁机构：电磁机构主要由线圈、静铁心和动铁心（衔铁）三部分组成。其作用是利用电磁线圈的通电或断电，使衔铁和静铁心吸合或释放，从而带动动触头与静触头闭合或分断，实现接通或断开电路的目的。

铁心的两个端面上嵌有短路环，如图 2-6（b）所示。

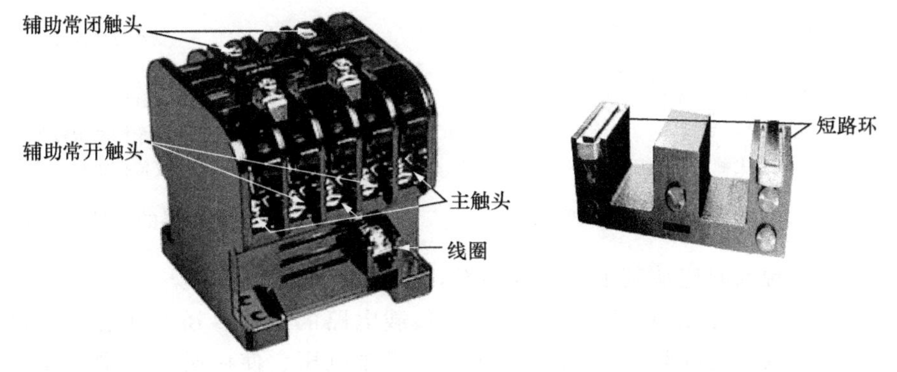

(a) 外形结构　　(b) 铁心的短路环

图 2-6　交流接触器的外形和组成

② 触头系统：触头系统包括主触头和辅助触头，如图 2-6（a）所示。主触头用来通断电流较大的主电路，一般由三对常开触头组成。辅助触头用来通断电流较小的控制电路，一般由两对常开触头和两对常闭触头组成。

触头的常开和常闭，电磁系统未通电动作前触头的状态。常开触头和常闭触头是联动的，当线圈通电时，常闭触头先断开、常开触头后闭合，中间有一个很短的时间差；当线圈断电后，常开触头先恢复断开、常闭触头后恢复闭合，中间有一个很短的时间差。

③ 灭弧装置：容量在 10A 以上的交流接触器都有灭火装置。容量较小的交流接触器，常采用双断口结构的电动力灭弧装置，如图 2-6（a）所示。

交流接触器的文字符号是 KM，图形符号如图 2-7 所示。

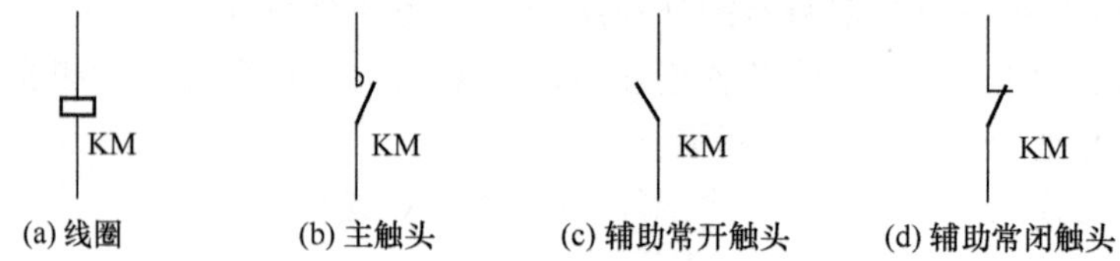

图 2-7　交流接触器的符号

（3）交流接触器的工作原理

交流接触器的工作原理，如图 2-8 所示。当接触器的线圈通电后，线圈中的电流产生磁场，使静铁心磁化产生足够大的电磁吸力将衔铁吸合，衔铁带动辅助常闭触头先断开，主触头和辅助常开触头后闭合；当接触器的线圈断电或电压降至设定值以下时，静铁心产生的电磁吸力消失或太小无法吸合衔铁，衔铁在弹簧的作用下复位，带动所有触头恢复到原始状态。

（4）交流接触器的参数及选用

交流接触器的型号及含义，如图 2-9 所示。

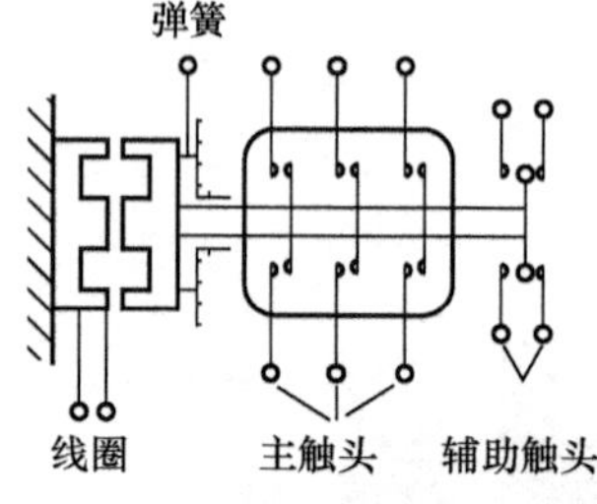

图 2-8　交流接触器的工作原理

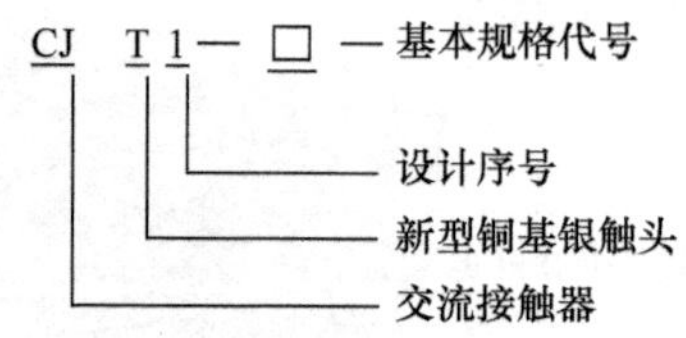

图 2-9　交流接触器的型号及含义

选择交流接触器时应从其工作条件出发，主要考虑下列因素：

① 主触头的额定工作电流应大于或等于负载电路的电流；还要注意的是接触器主触头的额定工作电流是在规定的条件下（额定工作电压、使用类别、操作频率等）能够正常工作的电流值，当实际使用条件不同时，这个电流值也将随之改变。

② 主触头的额定工作电压应大于或等于负载电路的电压。

③ 吸引线圈的额定电压应与控制回路电压相一致，接触器在线圈额定电压 85%及

以上时应能可靠地吸合。

（5）交流接触器的检查

第一步，用观察法查看交流接触器的外观结构，结构齐全且无机械损伤；用手推动接触器可动部分时，接触器应动作灵活，无卡阻现象；灭弧罩应完整无损，固定牢固。

第二步，用万用表检测线圈及触头质量，符合以下检测要求为宜。

线圈检查：

① 万用表置于 Ω—×100 挡，调零。

② 红黑表笔分别置于线圈的两个端时，万用表显示 2000Ω 左右。

③ 红黑表笔从线圈的两个线端移开时，万用表指针回到∞。

常闭触头检查：

① 万用表置于 Ω—×1 挡，调零。

② 红黑表笔分别置于触头的两个端时，万用表显示趋近于 0。

③ 用外力将动铁心压下时，万用表指针回到∞；松开动铁心时，万用表指针再趋近于 0。

常开触头检查：

① 万用表置于 Ω—×1 挡，调零。

② 红黑表笔分别置于触头的两个端时，万用表显示∞。

③ 用外力将动铁心压下时，万用表指针趋近于 0；松开动铁心时，万用表指针显示∞。

4. 按钮（LA4 系列）

（1）按钮的作用

按钮开关是一种手动操作接通或分断小电流控制电路的主令电器。一般情况下按钮不直接控制主电路的通断，主要利用按钮开关远距离发出手动指令或信号去控制接触器、继电器等电磁装置，实现主电路的分合、功能转换或电气联锁。

（2）按钮的外形、组成和文字图形符号

按钮的外形和组成，如图 2-10 所示。

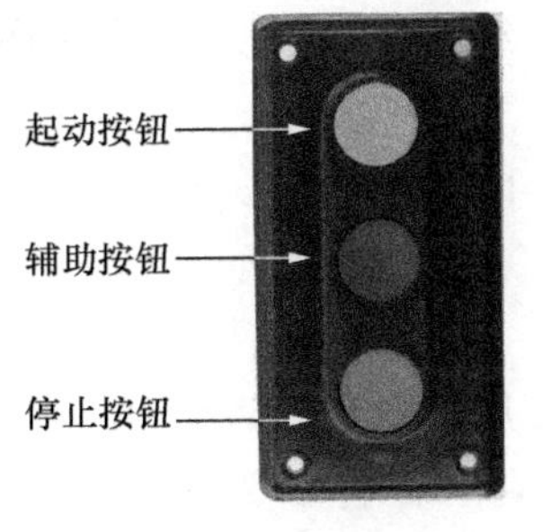

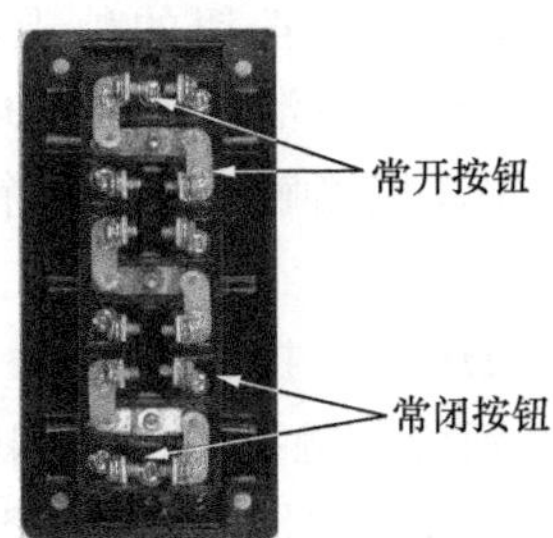

图 2-10　按钮的外形和组成

按钮一般由按钮帽、复位弹簧、桥式动触头、静触头、支柱连杆及外壳等部分组成。按钮按不受外力作用时触头的分合状态，分为常开按钮、常闭按钮和复合按钮

（常开、常闭触头组合为一体的按钮）。

按钮的文字符号是SB；按钮的图形符号，如图2-11所示。

图2-11 按钮的符号

（3）按钮的型号及含义

按钮的型号及含义，如图2-12所示。

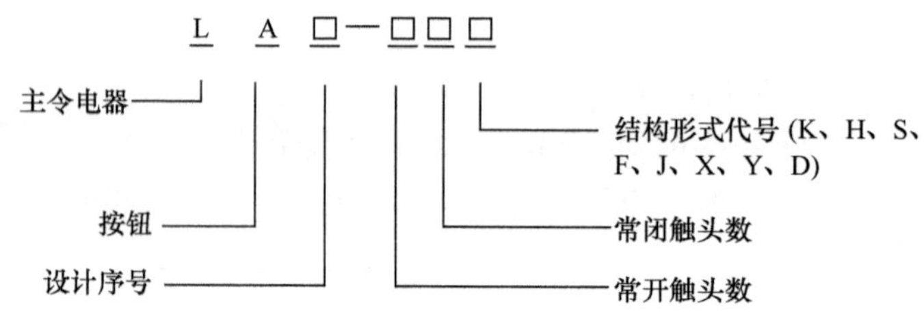

图2-12 按钮的型号及含义

其中结构形式代号的含义如下：

K——开启式，适用于嵌装在操作面板上。

H——保护式，带保护外壳，可防止内部零件受机械损伤或人偶然触及带电部分。

S——防水式，具有密封外壳，可防止雨水侵入。

F——防腐式，能防止腐蚀性气体进入。

J——紧急式，带有红色大蘑菇头（突出在外），作紧急切断电源用。

X——旋钮式，用旋钮旋转进行操作，有通和断两个位置。

Y——钥匙操作式，用钥匙插入进行操作，可防止误操作或供专人操作。

D——光标按钮，按钮内装有信号灯，兼作信号指示。

（4）按钮的检查

第一步，用观察法查看按钮的外观结构，结构齐全且无机械损伤；用手推动按钮可动部分时，按钮应动作灵活，无卡阻现象。

第二步，用万用表检测触头质量，符合以下检测要求为好。

常闭触头检查：

① 万用表置于Ω—×1挡，调零。

② 红黑表笔分别置于触头的两个端时，万用表显示趋近于0。

③ 用外力将触头断开时，万用表指针回到∞；将触头回复时，万用表指针趋近于0。

常开触头检查：

① 万用表置于Ω—×1挡，调零。

② 红黑表笔分别置于触头的两个端时，万用表显示∞。

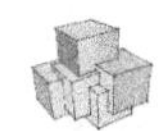

③ 用外力将触头闭合时，万用表指针趋近于 0；将触头回复时，万用表指针再显示∞。

2.2.2　实践训练：填写相关元器件符号并对元器件进行检查

根据表 2-4 的要求，分别填写组合开关、熔断器、交流接触器和按钮的文字符号和图形符号，完成对各元器件的检查，并简述相应元器件的问题。

表 2-4　组合开关、熔断器、交流接触器和按钮的任务表

元器件	文字符号	元件检查 检查为“好”，请在相应括号内打“√”； 检查为“不好”，请向老师说明并更换	回答问题	图形符号
组合开关		U　（　） V　（　） W　（　）	1. 作用 2. 参数	
熔断器		熔断器 1　（　） 熔断器 2　（　） 熔断器 3　（　） 熔断器 4　（　） 熔断器 5　（　）	1. 作用 2. 参数 3. 组成 4. 工作原理	
交流接触器		线圈　（　） 辅助常闭触头（2 对）　（　） 辅助常开触头（2 对）　（　） 主触头（3 对）　（　）	1. 作用 2. 组成 3. 型号及参数 4. 工作原理	
按钮		起动按钮的常闭、常开触头（绿）　（　） 停止按钮的常闭、常开触头（红）　（　） 辅助按钮的常闭、常开触头（黑）　（　）	1. 作用 2. 型号及参数	

2.2.3　学习测评：点动控制电路元器件应用技能测评

任务 2.2 的测评考核见表 2-5。

表 2-5 组合开关、熔断器、交流接触器和按钮的测评考核

元器件	要求	测评考核		备注
		自测值	互测值	
组合开关	分别填写组合开关、熔断器、交流接触器和按钮的文字符号和图形符号，完成对各元器件的检查；简述相应元器件的问题答案			
熔断器				
交流接触器				
按钮				

任务2.3 识读点动控制电路的电气图

2.3.1 相关知识：点动控制电路的电气图

生产机械电气控制电路的电气图常用电路图（也称为电气原理图）、布置图和接线图来表示。

点动控制电路的电气图，如图 2-13 所示。

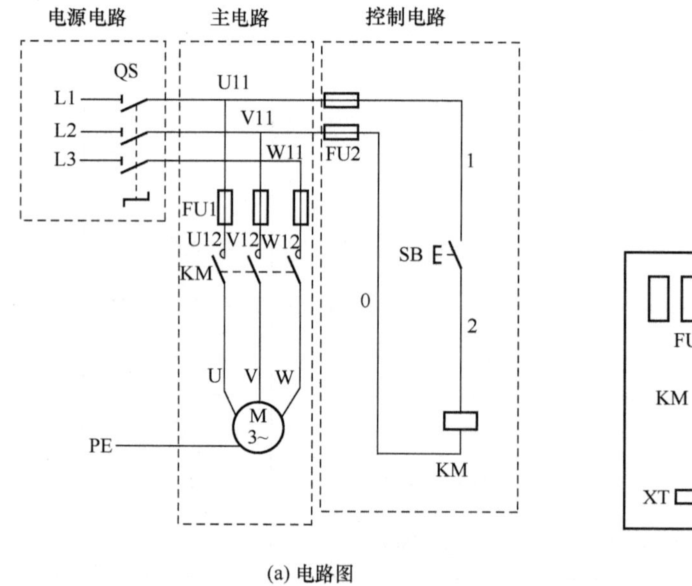

(a) 电路图 (b) 布置图

图 2-13 点动控制电路的电气图

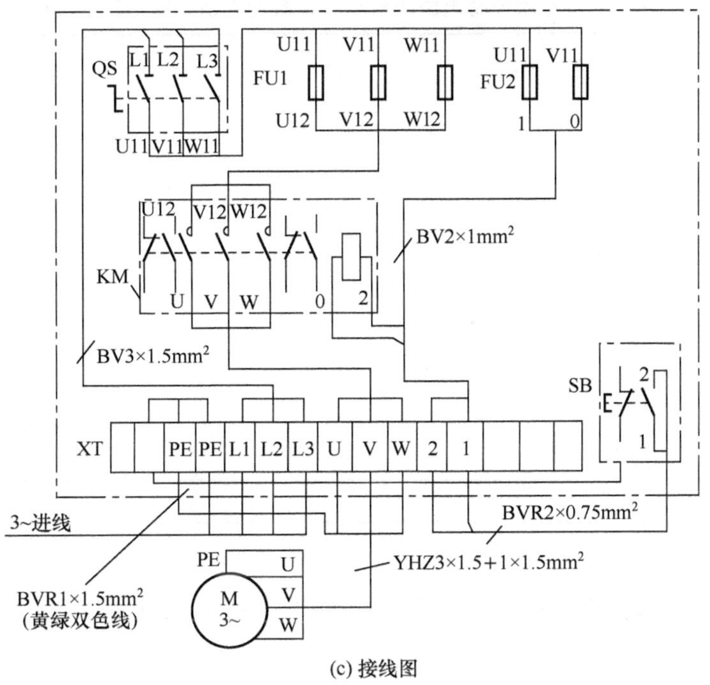

(c) 接线图

图 2-13　点动控制电路的电气图（续）

点动控制电路的电路图，如图 2-13（a）所示。从电路图中可以了解以下内容。

① 点动控制电路由三大部分组成：三相交流电源 L1、L2、L3 与组合开关 QS 组成电源电路；熔断器 FU1、接触器 KM 主触头和三相异步电动机 M 组成主电路；熔断器 FU2、起动按钮 SB 和接触器 KM 的线圈组成控制电路。

② 点动控制电路中，组合开关 QS 作电源隔离开关；起动按钮 SB 控制接触器线圈得电与失电；接触器 KM 主触头控制电动机 M 的起动或停止。

③ 熔断器 FU1、FU2 分别作主电路、控制电路的短路保护；接触器 KM 的线圈兼有欠压、失压保护。

④ 点动控制电路的工作原理：当电动机 M 需要点动时，先合上组合开关 QS，此时电动机 M 尚未接通电源。按下起动按钮 SB，接触器 KM 的线圈得电，使衔铁吸合，同时带动接触器 KM 的三对主触头闭合，电动机 M 便接通电源起动运转。

当电动机 M 需要停车时，只要松开起动按钮 SB，使接触器 KM 的线圈失电，衔铁在复位弹簧的作用下复位，带动接触器 KM 的三对主触头复位分断，电动机 M 失电停转。

2.3.2　实践训练：绘制点动控制电路的电路图并简述其工作原理

按照表 2-6 的要求，画出点动控制电路的电路图，简述点动控制电路的工作原理。

表 2-6 画出点动控制电路的电路图，简述点动控制电路的工作原理

画电路图	
简述电路的工作原理	

2.3.3 学习测评：点动控制电路电气图绘制测评

任务 2.3 的测评考核见表 2-7。

表 2-7 点动控制电路电气图绘制测评考核

名称	要求	测评考核		备注
		自测值	互测值	
画图	准确、工整			
工作原理	内容正确，表达清晰，语句通顺、简练			

任务2.4 点动控制电路的安装和检查

2.4.1 相关知识：电气控制线路的安装及点动控制电路的检查认知

1. 电气控制线路安装工艺要求

（1）板前明线布线（图 2-14）的工艺要求。

① 布线通道应尽可能少，同路并行，导线按主、控电路分类集中，单层密排，紧贴安装面布线。

② 同一平面的导线应高低一致或前后一致，不能交叉。非交叉不可时，该导线应在接线端子引出、水平架空跨越，但必须走线合理。

③ 布线应横平竖直，分布均匀。变换走向时应垂直转向。

④ 布线时严禁损伤线芯和导线绝缘。

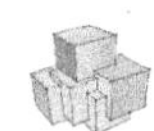

⑤ 布线顺序一般以接触器为中心，由里向外，由低到高，先控制电路，后主电路的顺序进行，以不妨碍后续布线为原则。

⑥ 在每根剥去绝缘层导线的两端套上编码套管。所有从一个接线端子（或接线柱）到另一个接线端子（或接线柱）的导线必须连接，中间无接头。

⑦ 导线与接线端子（或接线柱）连接时，不得压绝缘层，不反圈及露线芯不宜过长。

图 2-14　板前明线布线工艺

⑧ 同一元件、同一回路的不同接点的导线间距应保持一致。

⑨ 一个电器元件接线端子上的连接导线不得多于两根，每节接线端子板上的连接导线一般只允许连接一根。

⑩ 按钮采用软线通过线排与其他元件连接，线排以上部分电路用硬线连接。

（2）导线线头的安装工艺

① 软线线头分为羊眼圈和直线两种，应按图 2-15 所示的要求进行安装。

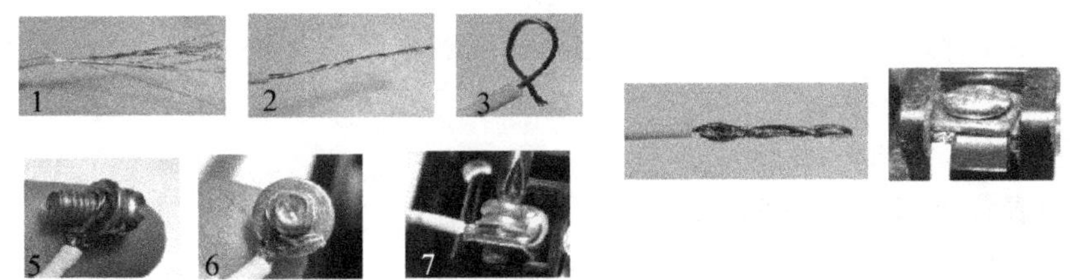

(a) 羊眼圈　　(b) 直线端子

图 2-15　软线线头加工工艺

② 硬线线头分为羊眼圈和直线两种。其中对于平面端子应做成羊眼圈，按图 2-16 所示的要求进行安装：单线的羊眼圈应弯为顺时针方向、双线的羊眼圈则为左上顺，右下逆，即被压在下面的羊眼圈弯转方向为逆时针，且放在右边。

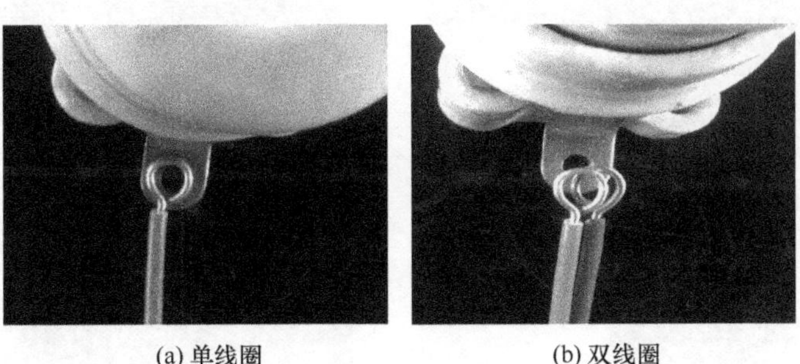

(a) 单线圈　　(b) 双线圈

图 2-16　硬线线头羊眼圈加工工艺

③ 连接点是弧形垫片时，导线必须打 U 形圈，按图 2-17（a）所示的要求进行安装。连接点是孔形时，按图 2-17（b）所示的要求进行安装。导线则采用直插式连接，但线芯的直径必须与孔径相近，否则导线必须打对折。

(a) 弧形垫片的U形圈

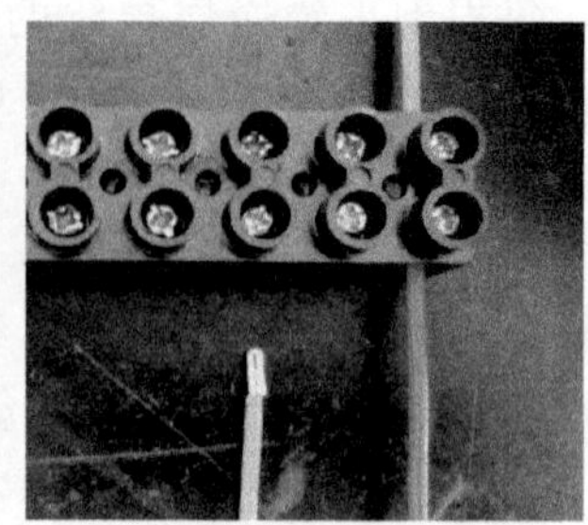

(b) 孔形端子的直插式连接

图 2-17 硬线线头弧形垫片加工工艺

2. 三相异步电动机点动控制电路的检查

(1) 通电前检查（电阻法检查）

检查控制电路，如图 2-18 所示。

① 万用表置于 Ω—×100 挡，调零。

② 红黑表笔分别置于两个 FU2 的进线端。

③ 按下 SB 时，万用表指针指向接触器的线圈电阻值；松开 SB 时，万用表指针回到∞为宜。

检查主电路，如图 2-19 所示。

① 万用表置于 Ω—×1 挡，调零。

② 合上组合开关。

③ 红黑表笔分别置于组合开关的进线座 L1 与接线排出线端 U 的两端。

④ 用外力将接触器动铁心压下时，万用表指针趋近于 0；松开动铁心时，万用表指针再显示∞为宜。

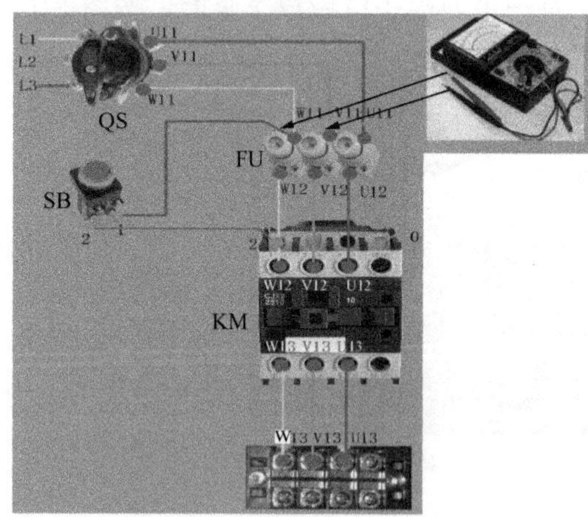

图 2-18 检查控制电路

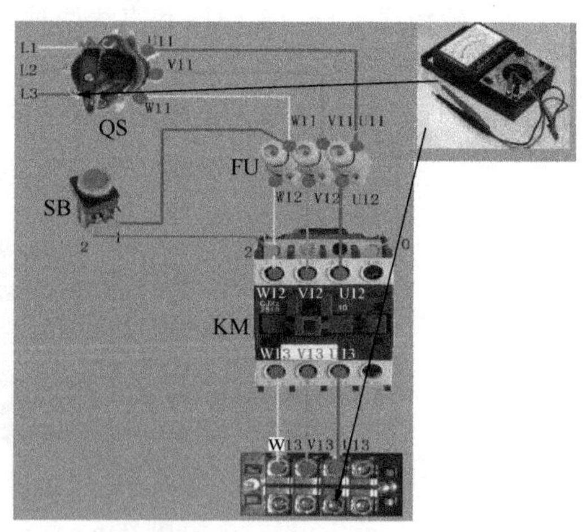

图 2-19 检查主电路

⑤ 重复第③、④步骤，分别查完三条主电路（L3-U、L2-V、L1-W），保证三条主电路都完好。

（2）通电试车注意事项

① 为保证人身安全，在通电试车时，要认真执行安全操作规程的有关规定，一人监护，一人操作。试车前，应检查与通电试车有关的电气设备是否有不安全的因素存在，若查出应立即整改，然后方能试车。

② 通电试车前，必须征得教师的同意，并由指导教师接通三相电源L1、L2、L3，同时在现场监护。学生合上电源开关QS后，用测电笔检查熔断器出线端，氖管亮说明电源接通。上述检查一切正常后，做好准备工作，在指导老师监护下试车。

（3）通电试车操作步骤（图2-20）

① 接线顺序：先接电动机线后接电源线。

② 通电顺序：（右手操作）先闭合组合开关QS，后闭合SB。

③ 断电顺序：（右手操作）先断开SB，后断开组合开关QS。

④ 拆线顺序：先拆电源线后拆电动机线。

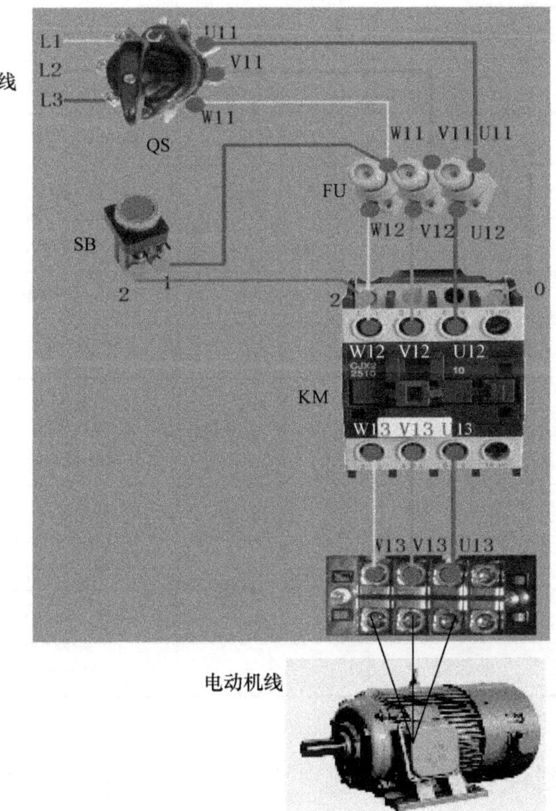

图2-20　通电试车

2.4.2 实践训练：点动控制电路的安装和检查

三相异步电动机点动控制电路的安装和检查要求：

1）正确绘制元件布置图和接线图。

2）组合开关、熔断器、按钮、接触器安装要正确、牢固。

3）按照硬线布线工艺要求安装布线。

4）通电试车时应严格遵守安全规程。

仪表、工具、耗材和器材准备，如表 2-8 所示。

表 2-8 仪表、工具、耗材和器材准备

工具	测电笔、尖嘴钳、剥线钳、螺钉旋具、电工刀等				
仪表	MF47 型万用表				
器材	代号	名称	型号	规格	数量
		三相四线电源		～3×380V	1
	M	三相电动机	Y112M-4	4kW、380V、8.8A、△接法	1
		配线板		500mm×400mm×20mm	1
	QS	组合开关	HZ2-60/3	380V、60A	1
	FU1	熔断器 FU1	RL1-60/25	380V、60A、配熔体 25A	3
	FU2	熔断器 FU2	RL1-15/2	380V、15A、配熔体 2A	2
	KM	接触器 KM	CJ10-10	10A、线圈电压 380V	1
	SB	按钮 SB1～SB3	LA4-3H	保护式、按钮数 3	1
	XT	接线端子排	TD-AZ1	600V、20A	1
		主电路导线		BVR1.5mm^2 和 BV1.5mm^2	若干
		控制电路导线		BV1.0mm^2	若干
		按钮塑料铜线		BVR0.75mm^2	若干
		接地线		BVR1.5mm^2（黄绿双色）	若干
		木螺钉		ϕ5×30mm	若干

2.4.3 学习测评：点动控制电路的安装与检查测评

任务 2.4 的测评考核见表 2-9。

表 2-9　三相异步电动机点动控制电路的安装和检查测评考核

项目内容	配分	评分标准	个人评价（30%）	学生互评（30%）	教师评分（40%）
画布局图	10分				
画接线图	10分				
安装元件	20分	1）不按布置图安装　扣20分 2）元器件安装不牢固　每个扣5分 3）元器件安装不整齐、不匀称、不合理　每个扣6分 4）损坏元器件　扣20分			
布线	20分	1）不按接线图接线　扣20分 2）走线没有做到横平竖直　每根扣3分 3）接点松动、露铜过长、压绝缘层、反圈等　每个扣1分 4）损伤导线绝缘层或线芯　每根扣15分			
通电前检查	10分	不会使用仪表及测量方法不正确　扣10分			
通电检查	30分	1）不会使用仪表及测量方法不正确　扣5分 2）各接点松动或不符合要求　每个扣5分 3）接线错误造成通电一次不成功　扣10分 4）控制开关进、出线接错　扣15分 5）电动机接线错误　扣20分 6）接线程序错误　扣15分 7）漏接接地线　扣20分			

开始时间		结束时间		实际时间	
定额时间：180min		每超时10min及以内，扣5分		总评分数	
安全文明生产	违反安全文明生产规程　扣5～40分				
备注	除定额时间外，各项目的最高扣分不应超过配分数				

任务2.5 点动控制电路的常见故障和处理方法

2.5.1 相关知识：元器件和电路的常见故障及处理方法

1. 元器件常见故障及维修

1）组合开关的常见故障及处理方法，见表2-10。

表2-10 组合开关的常见故障及处理方法

故障现象	可能原因	处理方法
手柄转动后，内部触头未动	1）手柄上的轴孔磨损变形 2）绝缘杆变形（由方形磨为圆形） 3）手柄与方轴，或轴与绝缘杆配合松动 4）操作机构损坏	1）调换手柄 2）更换绝缘杆 3）紧固松动部件 4）修理更换
手柄转动后，动静触头不能按要求动作	1）组合开关型号选用不正确 2）触头角度装配不正确 3）触头失去弹性或接触不良	1）更换开关 2）重新装配 3）更换触头或清除氧化层或尘污
接线柱间短路	因铁屑或油污附着在接线柱间，形成导电层；将胶木烧焦，绝缘损坏而形成短路。	更换开关

2）熔断器的常见故障及处理方法，见表2-11。

表2-11 熔断器的常见故障及处理方法

故障现象	可能原因	处理办法
电路接通瞬间，熔体熔断	1）熔体电流等级选择过小 2）负载侧短路或接地 3）熔体安装时受机械损伤	1）更换熔体 2）排除负载故障 3）更换熔体
熔体未熔断，但电路不通	熔体或接线座接触不良	重新连接

3）交流接触器常见故障及处理方法，见表2-12。

表2-12 接触器常见故障及处理方法

故障现象	可能原因	处理方法
吸不上或吸不足（即触头已闭合而铁心尚未完全吸合）	1）电源电压太低或波动过大 2）操作回路电源容量不足或发生断线、配线错误及触头接触不良 3）线圈技术参数与使用条件不符 4）产品本身受损 5）触头弹簧压力过大	1）调高电源电压 2）增加电源容量，更换线路，修理控制触头 3）更换线圈 4）更换新品 5）按要求调整触头参数

续表

故障现象	可能原因	处理方法
不释放或释放缓慢	1）触头弹簧压力过小 2）触头熔焊 3）机械可动部分被卡住，转轴生锈或歪斜 4）反力弹簧损坏 5）铁心极面有油垢或尘埃粘着 6）铁心磨损过大	1）调整触头参数 2）排除熔焊故障，更换触头 3）排除卡住现象，修理受损零件 4）更换反力弹簧 5）清理铁心极面 6）更换铁心
电磁铁（交流）噪声大	1）电源的电压过低 2）触头弹簧压力过大 3）短路环断裂 4）铁心极面有污垢 5）磁系统歪斜或机械上卡住，使铁心不能吸平 6）铁心极面过度磨损而不平	1）提高操作回路电压 2）调整触头弹簧压力 3）更换短路环 4）清除铁心极面 5）排除机械卡住的故障 6）更换铁心
线圈过热或烧坏	1）电源电压过高或过低 2）线圈技术参数与实际使用条件不符 3）操作频率过高 4）线圈匝间短路	1）调整电源电压 2）调换线圈或接触器 3）选择其他合适的接触器 4）排除短路故障，更换线圈
触头灼伤或熔焊	1）触头压力过小 2）触头表面有金属颗粒异物 3）操作频率过高，或工作电流过大，断开容量不够 4）长期过载使用 5）负载侧短路	1）调高触头弹簧压力 2）清理触头表面 3）调换容量较大的接触器 4）调换合适的接触器 5）排除短路故障，更换触头

4）按钮的常见故障及处理方法，见表 2-13。

表 2-13　按钮的常见故障及处理方法

故障现象	可能原因	处理方法
触头接触不良	1）触头烧损 2）触头表面有尘垢 3）触头弹簧失效	1）修整触头或更换产品 2）清洁触头表面 3）重绕弹簧或更换产品
触头间短路	1）塑料受热变形，导致接线螺钉相碰短路 2）杂物或油污在触头间形成通路	1）查明发热原因排除并更换产品 2）清洁按钮内部

2. 电路故障及维修，见表 2-14

表 2-14　电路故障及维修

故障现象	原因分析	检查方法
按下按钮后，接触器不吸合，电动机不能起动	1. 电源电路故障 可能故障点： 断路器故障、电源连接导线故障 2. 控制电路故障 可能故障点： 熔断器 FU2 故障、1 号线断路、按钮 SB 常开触头故障、2 号线断路、接触器线圈故障	电源电路检查： 合上电源开关，用万用表 500V 交流电压挡分别测量开关下端头 U11-V11、V11-W11、U11-W11 间的电压，观察是否正常。正常，故障在控制电路；若不正常则检查电源的输入端电压，电压正常，故障点在转换开关，电压不正常，故障在电源 控制电路检查： 合上电源，用测电笔逐点顺序检查是否有电，故障点在有电点和没有电点之间
按下按钮后，接触器吸合，电动机有“嗡嗡声”不能起动	接触器吸合，说明控制电路没有故障，故障在主电路中，电动机有“嗡嗡声”说明电动机缺相。 可能故障点： 电源 W 相缺相；熔断器 FU1 故障；接触器主触头故障；连接导线故障；电动机故障	电动机单向转动主电路检查方法： 控制电路动作，说明 U 相、V 相正常。合上 QS，首先检查 QS 的 W 相下端头是否有电，没有，则电源缺相；有电，则检查接触器主触头上端头以上部分，用测电笔逐点检查是否有电，故障点在有电点和没有电点之间；也可用万用表的 500V 交流电压挡，通过接触器主触头上端头两两间的电压测量，进行故障相线判断。因为电动机不能长时缺相运行，因此接触器主触头下端头以下部分，不能用按下 SB 后，用测电笔检查每一相的有电的方法；因此检查时要断开电源，拔掉熔断器熔芯，用万用表电阻挡检查，其中一表棒固定在接触器主触头某相上端头，按下触头架，另一表棒交替测量另外两相，进行两两间逐相检测通路情况，对其他两相都不通的相是故障相。然后再对故障相逐点检查，找出故障点

2.5.2　实践训练：在规定时间内排除电路故障

在 15min 内，排除 3 个电路故障。

要求：

1）正确使用仪表。

2）排除故障过程中不影响电路原有工艺，不能增加新的故障。

2.5.3　学习测评：元器件及电路的故障排除技能测评

任务 2.5 的测评考核，见表 2-15。

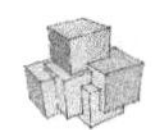

表 2-15 排除故障评分表

项目内容	评分标准（配分 20 分）			个人评价（30%）	学生互评（30%）	教师评分（40%）
短路、新故障	出现短路、出现新故障 扣 20 分					
安全文明生产	违反安全文明生产规程 扣 5～20 分					
定额时间：15min	超过 15min 扣 20 分					
规定时间内	每少排除一个故障 扣 5 分					
开始时间		结束时间		实际时间		

知识拓展

1．电路图（电气原理图）

电路图是根据生产机械运动形式对电气控制系统的要求，采用国家统一规定的电气图形符号和文字符号，按照电气设备和电器的工作顺序排列，全面表示电路、设备或成套装置的全部基本组成和连接关系，但不涉及电器元件的结构尺寸、材料选用、安装位置和实际配线方法的一种简图。

电路图能充分表达电气设备和电器的用途、作用和线路的工作原理，是电气线路安装、调试和维修的理论依据。

电路图一般分电源电路、主电路和控制电路三部分绘制。

1）电源电路：画成水平线，三相交流电源相序 L1、L2、L3 自上而下依次画出，如有中性线和保护地线，PE 应画在相线之下。直流电源自上而下画“＋”和“－”。电源开关要水平画出。

2）主电路：主电路通过的电路电流较大，是电源向负载提供电能的电路。它主要由熔断器、接触器的主触头、热继电器的热元件以及电动机等组成。

3）控制电路：控制电路包括控制主电路工作状态的控制电路、显示主电路工作状态的指示电路、提供机床设备局部照明电路等。一般由主令电器的触头、接触器线圈和辅助触头、继电器线圈和触头、指示灯及照明灯等组成。控制电路通过的电流都较小，一般小于或等于 5A。

画控制电路图时，控制电路要跨接在两相电源之间，一般按照控制电路、指示电路和照明电路的顺序依次垂直画在主电路图的右侧，并且电路中与下边电源线相连的耗能元件（如接触器和继电器的线圈、指示灯、照明灯等）要画在电路图的下方，但电器动触头要画在能耗元件与上边电源线之间。为读图方便，一般应按照自左至右、自上至下的排列来表示操作顺序。

知识窗

绘制、识读电气原理图时应遵循以下原则：

1）电路图中主电路绘于图的左侧，用粗实线绘制；控制电路画在图的右侧，用细实线绘制。

2）电路图中，各电器元件必须采用国家统一规定的电气图形符号和文字符号进行绘制和标注。

3）各电器的触头位置都按电路未通电或电器未受外力作用时的状态位置画出。

4）同一电器的各部件按其在电路中所起的作用分画在不同电路中，但它们的动作却是相互关联的，因此必须标注相同的文字符号。若图中相同的电器较多时，需要在电器文字符号后面加注不同的数字以示区别，如KM1、KM2等。

5）画电路图时，对有直接电联系的交叉导线连接点要用小黑圆点表示；无直接电联系的交叉导线连接点不画小黑圆点。

6）电路图采用电路编号法，即对电路中的各个接点用字母或数字编号。

① 主电路在电源开关的出线端按相序依次编号为U11、V11、W11。然后按从上至下、从左至右的顺序，每经过一个电器元件，编号要递增。如U12、V12、W12，U13、V13、W13……单台三相交流电动机（或设备）的三根引出线按相序依次编号U、V、W。对于多台电动机引出线的编号，为了不致引起误解和混淆，可在字母前用不同的数字加以区别，如1U、1V、1W，2U、2V、2W……

② 控制电路编号按“等电位”原则从上至下、从左至右的顺序用数字依次编号，每经过一个电器元件，编号要依次递增。控制电路编号的起始数字必须是1，其他控制电路编号的起始数字依次递增100，如照明电路编号从101开始，指示电路编号从201开始等。

2. 电器布置图

电器布置图主要是用来表明电器元件在控制板上的实际安装位置，采用简化的外形符号（正方形、矩形、圆形等）绘制的一种简图。途中各种电器的文字符号必须与电路图和接线图的标注相一致。

绘制、识读电器布置图应遵循以下原则：

1）体积大或较重的电器元件应安装在控制板的下面，而发热元件应安装在控制板的上面。

2）强电和弱电分开并注意屏蔽，防止外界干扰。

3）电器元件布置应考虑整齐、美观、对称。同类型的电器元件安放在一起，以利于安装和配线。

4）需要经常维护、调整的电器元件安装位置不宜过高或过低。

5）电器元件布置不宜过密，若采用板前走线槽配线方式，应适当加大各排电器间距，以利于布线和维护。

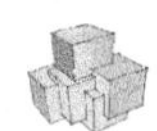

3. 电气接线图

电气接线图是根据电气设备和电器元件的实际位置绘制的实际接线图，主要用于安装接线、电路的检查维修和故障处理。

绘制、识读电气接线图应遵循以下原则：

1）各电气设备和电器元件都按其所在的实际位置绘制在图样上，且同一电器的各部件根据其实际结构，使用与电路图的图形符号画在一起，并用点画线框上，其文字符号以及接线端子的编号应与电路图中的标注一致，以便检查接线。

2）接线图中的导线有单根导线、导线组（或线扎）、电缆等，可用连接线和中断线来表示。凡导线走向相同的可以合并，用线束来表示，到达接线端子板或电器元件的连接点时再分别画出。在用线束表示导线、电缆等时可用加粗的线条表示，在不引起误解的情况下也可采用部分加粗。另外，导线及管子的型号、根数和规格应标注清楚。

3）不同控制柜或配电屏上电器元件的电气连接必须通过端子排进行连接，其编号应与原理图一致。

在实际工作中，电路图、布置图和接线图要结合起来使用。

理论试题精选

一、选择题

1. 电力拖动电气原理图的识读步骤的第一步是（　　）。

A. 看用电器　　B. 看电源

C. 看电气控制元件　　D. 看辅助电器

2. 阅读电气安装图的主电路时，要按（　　）顺序。

A. 从上到下　　B. 从下到上

C. 从左到右　　D. 从前往后

3. 维修电工以电气原理图，（　　）和平面布置图最为重要。

A. 配线方式图　　B. 安装接线图

C. 接线方式图　　D. 组件位置图

4. 主电路的编号在电源开关的出线端按相序依次为（　　）。

A. U、V、W　　B. U11、V11、W11

C. U1、V1、W1　　D. L1、L2、L3

5. 按钮开关作为主令电器，当作为停止按钮时，其颜色应选（　　）色。

A. 绿　　B. 黄　　C. 白　　D. 红

6. 交流接触器的基本结构由（　　）组成。

A. 操作手柄、动触刀、静插座、进线座、出线座和绝缘底板

B. 主触头、辅助触头、灭弧装置、脱扣装置、保护装置、动作机构

C. 电磁机构、触头系统、灭弧装置、辅助部件

D. 电磁机构、触头系统、辅助部件、外壳

7. 交流接触器在检修时，若发现短路环损坏，该接触器（　　）使用。

A. 能继续　　B. 不能继续

C. 在额定电流下可以　　D. 不影响

8. 交流接触器的铁心端面安装短路环的目的是（　　）。

A. 减缓铁心冲击　　B. 减少铁磁损坏

C. 减少铁心震动　　D. 增大铁心磁通

9. 当交流接触器线圈工作电压在（　　）%U_N 以下时，交流接触器动铁心应释放，主触头自动打开切断电源，起欠电压保护作用。

A. 85　　B. 50　　C. 30　　D. 90

10. 接触器的额定电压是指（　　）的额定电压。

A. 电源　　B. 线圈　　C. 主触头　　D. 负载

11. 交流接触器一般不采用（　　）灭弧装置。

A. 桥式结构双断口触头　　B. 金属栅片式

C. 磁吹式　　D. 窄缝式

12. 下列电器属于主令电器的是（　　）。

A. 刀开关　　B. 接触器　　C. 熔断器　　D. 按钮

13. 按下按钮电动机得电运转，松开按钮电机动失电停运的控制方法，称为（　　）。

A. 点动控制　　B. 连续运转

C. 正反转控制　　D. 点动与连续运转

二、判断题

（　　）1. 同一张电气图只能选用一种图形形式，图形符号的线条和粗细应基本一致。

（　　）2. 分析电气图可按布局顺序从左到右，自上到下逐级分析。

（　　）3. 安装控制电路时，对导线的颜色没有要求。

（　　）4. 交流接触器的线圈电压过高或过低都会造成线圈过热。

（　　）5. 交流接触器线圈一般做成薄而长的圆筒状，且不设骨架。

项目3 三相异步电动机连续运行控制电路的安装与检修

知识目标

1. 掌握热继电器的作用、结构、选择方法、图形文字符号和安装调试要求。

2. 正确识读三相异步电动机连续运行控制电路的电路图、接线图和布局图。

3. 正确理解三相异步电动机连续运行控制电路的工作原理。

技能目标

1. 会检查热继电器。

2. 能按照工艺要求正确安装三相异步电动机连续运行正转控制电路。

3. 会用电阻法检查三相异步电动机连续运行控制电路。

4. 会根据通电检查的要求，规范地进行电路通电测试。

5. 能根据故障现象，检修三相异步电动连续运行控制电路。

情感目标

1. 有从事维修低压电工岗位的安全工作意识。

2. 能养成遵守工作时间及能按时完成工作任务的习惯。

3. 能与同事交流和合作，能正确处理与领导的关系。

规范标准

1. 《电气图常用图形符号》(GB 4728—85)。

2. 《机床电气设备通用技术条件》(GB 5226—85)。

3. 《电气技术中的文字符号制定通则》(GB 7159—87)。

4. 《电气制图》(GB 6988—86)。

5. 《电气技术中的项目代号》(GB 5094—85)。

任务3.1 连续运行控制电路的功能

3.1.1 相关知识：连续运行控制电路的应用、组成及其控制功能

1. 电动机连续运行控制在机床上的应用

点动控制线路中，手必须按在按钮上电动机才能运转，手松开按钮后，电动机则停转。这种控制电路对于生产机械中电动机的短时间控制十分有效，如果生产机械中电动机需要长时间连续运行（图 3-1），手必须始终按在按钮上，操作人员的一只手被固定，不方便其他操作，劳动强度大。

图 3-1 电动机需要长时间连续运行

三相异步电动机连续运行控制电路，可以解决手必须始终按在按钮上的问题。

2. 连续运行控制电路的组成及控制顺序

连续运行控制电路由组合开关、熔断器、按钮、交流接触器和热继电器，用导线连接而成，如图 3-2 所示。

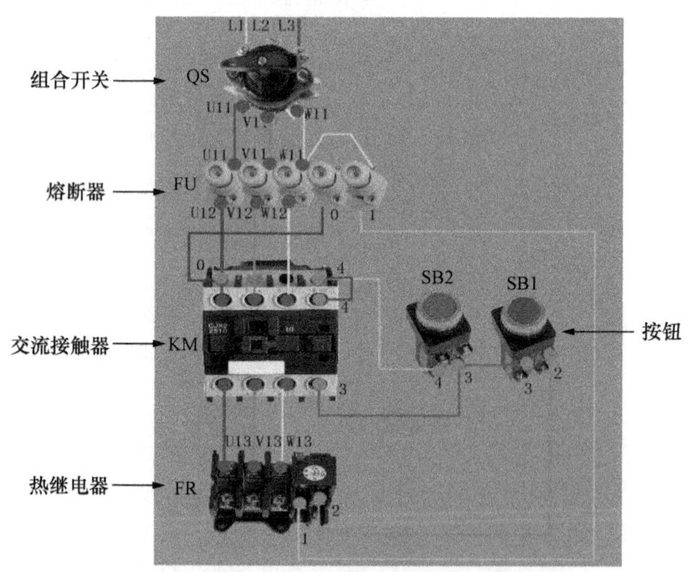

图 3-2 三相异步电动机连续运行控制电路

电动机通电运行的控制顺序是：合上组合开关→按下按钮 SB2→交流接触器动作→电动机通电运行。

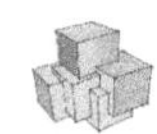

电动机断电停止运行的控制顺序是：按下按钮 SB1→交流接触器恢复原来状态→电动机断电停止运行→断开组合开关。

3.1.2　实践训练：电动机通电、断电控制

填写电动机通电、断电控制顺序表（表 3-1）。

表 3-1　电动机通电、断电控制顺序

步骤	电动机通电	电动机断电
第一步		
第二步		
第三步		
第四步		

3.1.3　学习测评：连续运行控制电路控制功能测评

任务 3.1 的测评考核见表 3-2。

表 3-2　连续运行控制电路控制功能测评考核

名称	要求	测评考核		备注
		自测值	互测值	
电动机得电	步骤齐全，语句通顺、简练			
电动机断电	步骤齐全，语句通顺、简练			

任务3.2　连续运行控制电路常用元器件的认知

3.2.1　相关知识：热继电器的结构符号、作用、工作原理、主要数据及选用

1. 热继电器的作用

热继电器主要与接触器配合使用，用作电动机的过载保护、断相保护、电流不平衡运行的保护及其他电气设备发热状态的控制。

2. 热继电器的结构与图形文字符号

热继电器的结构，如图 3-3（a）所示。主要由热元件、传动机构、常闭触头、电流整定装置和复位按钮组成。热继电器的热元件由主双金属片和绕在外面的电阻丝组成。主双金属片是由两种热膨胀系数不同的金属片复合而成。

热继电器的文字符号 FR，图形符号如图 3-3（b）所示。

(a) 热继电器的结构

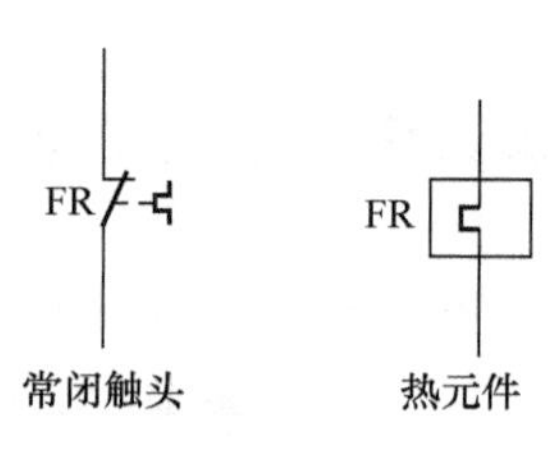

(b) 热继电器的符号

图 3-3 热继电器的结构和符号

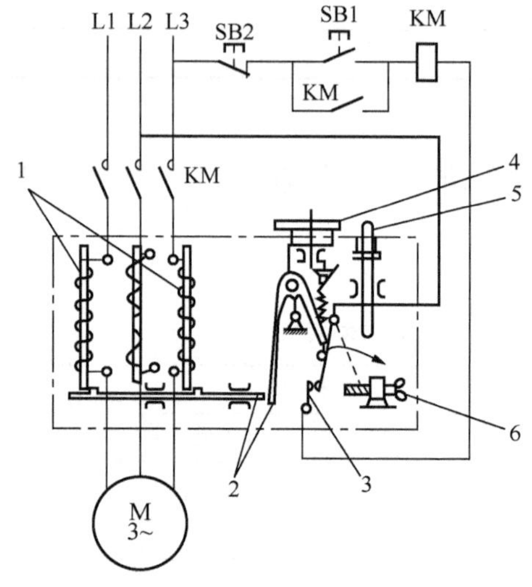

图 3-4 三极双金属片热继电器

1—热元件；2—传动机构；3—常闭触头；4—电流整定按钮；5—复位按钮；6—限位螺钉

3．热继电器的工作原理

热继电器使用时，需要将热元件串联在主电路中，常闭触头串接在控制电路（辅助电路）中，如图 3-4 所示。当电动机过载时，流过电阻丝的电流超过热继电器的整定电流，电阻丝发热增多，使双金属片因温度升高而向右弯曲变形，通过传动机构推动常闭触头断开使控制电路断电，再通过接触器切断主电路，实现对电动机的保护。

热继电器从电动机过载到触头动作需要一定时间，即使电动机严重过载或短路，热继电器也不会瞬间动作，因此热继电器不能作短路保护。但是这个特性却能保证热继电器在电动机起动或短时过载不会动作，满足了电动机的运行要求。

4．热继电器的主要数据及选用

常用 JR20 系列热继电器的型号含义，如图 3-5 所示。

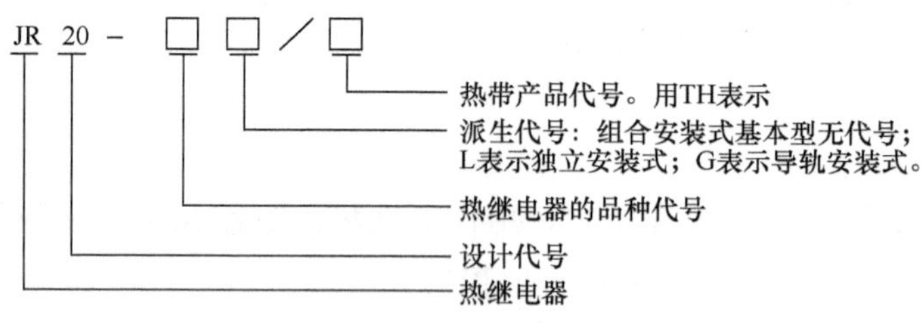

图 3-5 JR20 系列热继电器的型号含义

热继电器的选用：选择热继电器时，主要根据所保护电动机的额定电流来确定热继电器的规格和热元件的电流等级。

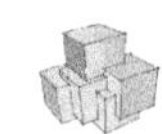

① 根据电动机的额定电流选择热继电器的规格。一般应使热继电器的额定电流略大于电动机的额定电流。

② 根据需要的整定电流值选择热元件的编号和电流等级。一般情况下，热元件的整定电流为电动机额定电流的0.95～1.05倍。电流整定装置，如图3-6所示。

③ 根据电动机定子绕组的连接方式选择热继电器的结构型式，即定子绕组作Y形连接的电动机选用普通三相结构的热继电器，而作△形连接的电动机应选用三相结构带断相保护装置的热继电器。

图3-6　JR20系列热继电器的电流整定装置

5. 热继电器的安装与使用要求

① 热继电器必须按照产品说明书中规定的方式安装处的环境温度应与电动机所处环境温度基本相同。当与其他电器安装在一起时，应注意将热继电器安装在其他电器的下方，以免其动作特性受到其他电器发热的影响。

② 安装时，应清除触头表面尘污，以免因接触电阻过大或电路不通而影响热继电器的动作性能。

③ 热继电器出线端的连接导线，应按表3-3的规定选用。这是因为导线的粗细和材料将影响到热元件端接点传导到外部热量的多少。导线过细，轴向导热性差，热继电器可能提前动作；反之，导线过粗，轴向导热快，热继电器可能滞后动作。

表3-3　热继电器连接导线选用表

热继电器额定电流/A	连接导线截面积/mm²	连接导线种类
10	2.5	单股铜芯塑料线
20	4	单股铜芯塑料线
60	16	多股铜芯橡皮线

④ 使用中的热继电器应定期通电校验。此外，当发生短路事故后，应检查热元件是否已发生永久变形。若已变形，则需通电校验。若因热元件变形或其他原因致使动作不准确时，只能调整其可调部件，而绝不能弯折热元件。

⑤ 热继电器在出厂时均调整为手动复位方式，如果需要自动复位，只要将复位螺钉沿顺时针方向旋转3～4圈，并稍微拧紧即可，如图3-7所示。

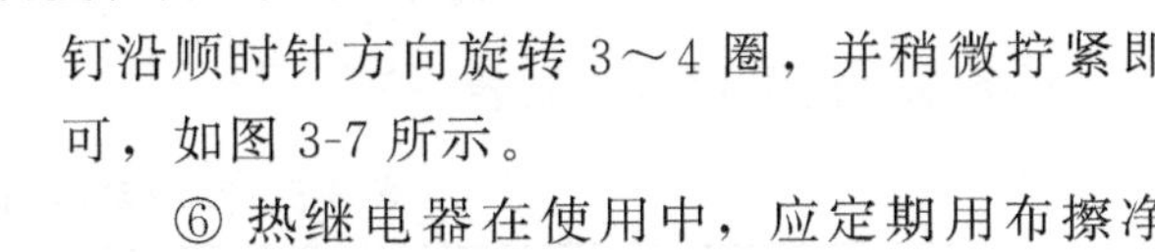

图3-7　JR20系列热继电器的复位调节螺钉

⑥ 热继电器在使用中，应定期用布擦净尘埃和污垢，若发现双金属片上有锈斑，应用清洁棉布蘸汽油轻轻擦除，切忌用砂纸打磨。

⑦ 热继电器因电动机过载动作后，若需再次起动电动机，必须待热元件冷却后，才能使热继电器复位。一般自动复位时间不大于5min；手动复位时间不大于2min。

6. 热继电器的检查

第一步，用观察法查看热继电器的外观结构，结构齐全为好。

第二步，用万用表常闭触头和热元件的质量，符合以下检测要求为好。

常闭触头检查：

① 万用表置于 Ω—X1 挡，调零。

② 红黑表笔分别置于触头的两个端时，万用表显示趋近于 0。

③ 用外力将触头断开时，万用表指针回到∞；将触头回复时，万用表指针趋近于 0。

热元件检查：

① 万用表置于 Ω—X1 挡，调零。

② 红黑表笔分别置于上、下接线端，万用表指针指向零。

③ 移开红黑表笔，万用表指针回到∞。

④ 注意分别检查三个热元件。

3.2.2 实践训练：填写热继电器的符号并对其进行检查

根据表 3-4 的要求，填写热继电器的文字符号和图形符号，完成对热继电器的检查，并简述热继电器的问题。

表 3-4 热继电器任务表

元器件	文字符号	元件检查 检查为“好”，请在相应括号内打“√”； 检查为“不好”，请向老师说明并更换	回答问题	图形符号
热继电器		U （ ）	1. 作用	
		V （ ）	2. 参数	
		W （ ）	3. 电流整定	
		常闭触点 （ ）	4. 复位方法	

3.2.3 学习测评：热继电器的应用技能测评

任务 3.2 的测评考核见表 3-5。

表 3-5 热继电器测评考核

元器件	要求	测评考核		备注
		自测值	互测值	
文字符号	正确、快速			
图形符号	正确、快速			
回答问题	正确、快速			
元件检查	正确、快速			

任务3.3　识读连续运行控制电路的电气图

3.3.1　相关知识：连续运行控制电路的电气图

1. 连续运行控制电路的电气图

连续运行控制电路的电气图如图 3-8 所示。

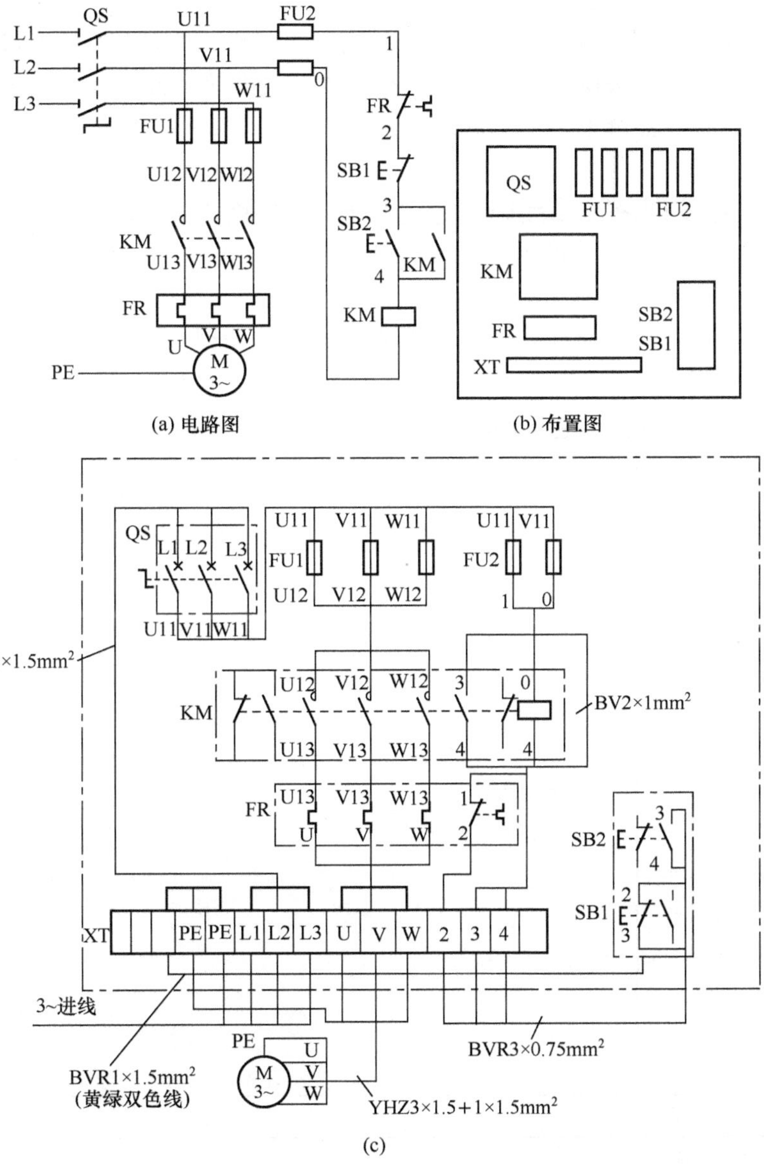

(a) 电路图

(b) 布置图

(c)

图 3-8　连续运行控制电路的电气图

2. 连续运行控制电路的工作原理

(1) 电路的工作原理

合上组合开关 QS：

(2) 电路的保护功能

① 短路保护：熔断器 FU1、FU2 分别用于主电路、控制电路的短路保护。

② 欠电压保护、失电压保护：接触器 KM 的线圈兼有欠电压保护、失电压保护。

③ 过载保护：热继电器 FR 保护电动机过载。

3.3.2 实践训练：绘制连续运行控制电路的电路图并简述其工作原理

按照表 3-6 的要求，画出连续运行控制电路的电路图，简述连续运行控制电路的工作原理和保护功能。

表 3-6 画出电路的电路图，简述电路的工作原理和保护功能

画电路图	
简述电路的工作原理	
简述电路的保护功能	

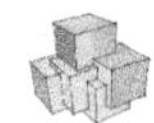

3.3.3　学习测评：连续运行控制电路电路图绘制测评

任务 3.3 的测评考核见表 3-7。

表 3-7　连续运行控制电路电路图绘制测评考核

名称	要求	测评考核		备注
		自测值	互测值	
画图	准确、工整			
工作原理	内容正确，表达清晰，语句通顺、简练			

任务 3.4　连续运行控制电路的安装和检查

3.4.1　相关知识：电气控制线路的安装、检查及通电试车认知

1. 电气控制线路安装工艺要求

参照任务 2.4 的工艺要求安装本电路。

2. 三相异步电动机连续运行控制电路的检查

(1) 通电前检查（电阻法检查）

检查控制电路，如图 3-9 所示。

① 万用表置于 Ω—×100 挡，调零。

② 红黑表笔分别置于两个 FU2 的进线端。

③ 按下 SB1 时，万用表指针指向接触器的线圈电阻值；保持 SB1 按下不动，按下 SB2 时，万用表指针回到∞为宜。

检查主电路，如图 3-10 所示。

① 万用表置于 Ω—×1 挡，调零。

② 合上组合开关。

③ 红黑表笔分别置于组合开关的进线座 L1-接线排出线端 U 的两端。

④ 用外力将接触器动铁心压下时，万用表指针趋近于 0；松开动铁心时，万用表指针再显示∞为宜。

⑤ 重复第③、④步骤，分别检查三条主电路（L3-U、L2-V、L1-W），保证三条主电路都完好。

(2) 通电试车注意事项

① 为保证人身安全，在通电试车时，要认真执行安全操作规程的有关规定，一人监护，一人操作。试车前，应检查与通电试车有关的电气设备是否有不安全的因素存在，若查出应立即整改，然后方能试车。

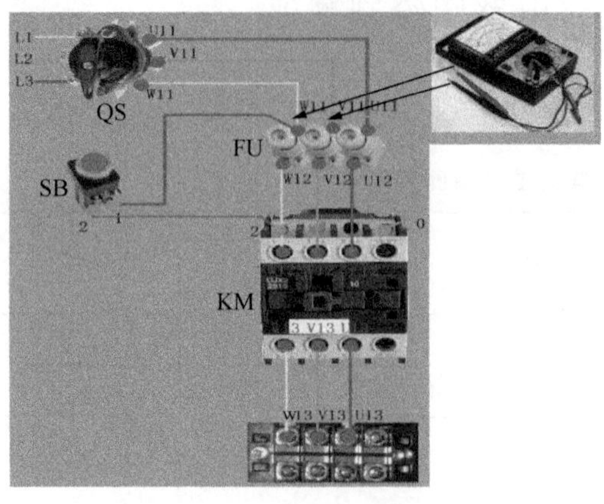

图 3-9　检查控制电路

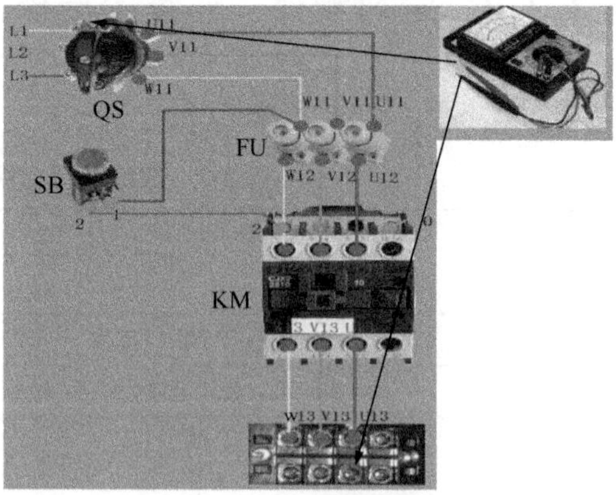

QS
FU
SB
KM

图 3-10　检查主电路

② 通电试车前，必须征得教师的同意，并由指导教师接通三相电源 L1、L2、L3，同时在现场监护。学生合上电源开关 QS 后，用测电笔检查熔断器出线端，氖管亮说明电源接通。上述检查一切正常后，做好准备工作，在指导老师监护下试车。

（3）通电试车操作步骤（图 3-11）

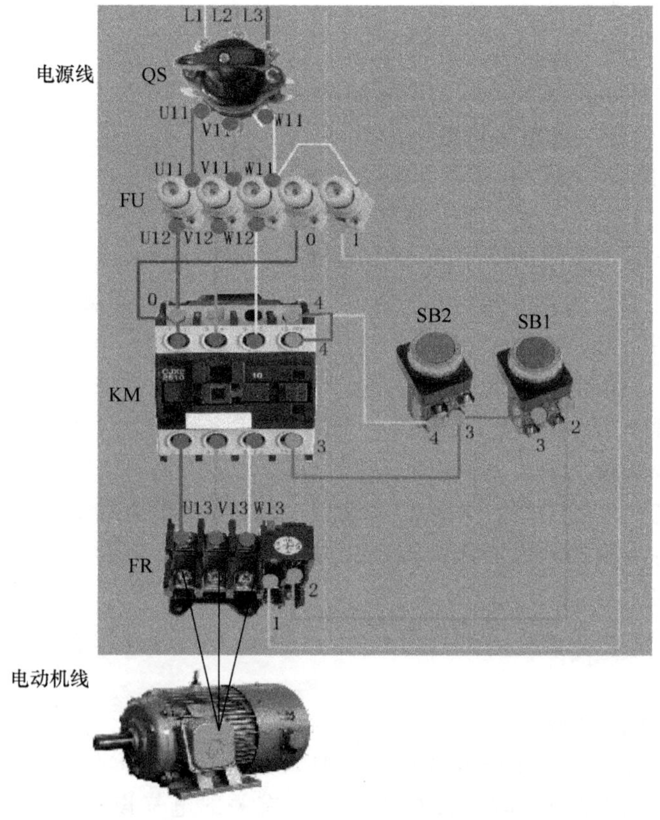

图 3-11　通电试车

① 接线顺序：先接电动机线，后接电源线。

② 通电顺序：(右手操作) 先闭合组合开关 QS，后闭合 SB2。

③ 断电顺序：(右手操作) 先断开 SB1，后断开组合开关 QS。

④ 拆线顺序：先拆电源线，后拆电动机线。

3.4.2　实践训练：三相异步电动机连续运行控制电路的安装和检查

三相异步电动机连续运行控制电路的安装和检查要求：

1) 正确绘制元件布置图和接线图。

2) 组合开关、熔断器、按钮、接触器、热继电器安装应正确、牢固。

3) 按照硬线布线工艺要求安装布线。

4) 通电试车时要严格遵守安全规程。

仪表、工具、耗材和器材准备，如表 3-8 所示。

表 3-8　仪表、工具、耗材和器材准备

工具	测电笔、尖嘴钳、剥线钳、螺钉旋具、电工刀等				
仪表	MF47 型万用表				
器材	代号	名称	型号	规格	数量
		三相四线电源		～3×380V	1
	M	三相电动机	Y112M-4	4kW、380V、8.8A、△接法	1
		配线板		500mm×400mm×20mm	1
	QS	组合开关	HZ2-60/3	380V、60A	1
	FU1	熔断器 FU1	RL1-60/25	380V、60A、配熔体 25A	3
	FU2	熔断器 FU2	RL1-15/2	380V、15A、配熔体 2A	2
	KM	接触器 KM	CJ10-10	10A、线圈电压 380V	1
	SB	按钮 SB1～SB3	LA4-3H	保护式、按钮数 3	1
	FR	热继电器 FR	JR20	380V、20A	1
	XT	接线端子排	TD-AZ1	600V、20A	1
		主电路导线		BVR1.5mm^2 和 BV1.5mm^2	若干
		控制电路导线		BV1.0mm^2	若干
		按钮塑料铜线		BVR0.75mm^2	若干
		接地线		BVR1.5mm^2（黄绿双色）	若干
		木螺钉		ϕ5×30mm	若干

3.4.3　学习测评：三相异步电动机连续运行控制电路的安装和检查测评

任务 3.4 的测评考核见表 3-9。

表 3-9　三相异步电动机连续运行控制电路的安装和检查测评考核

项目内容	配分	评分标准	个人评价 （30%）	学生互评 （30%）	教师评分 （40%）
画布局图	10 分				
画接线图	10 分				
安装元件	20 分	1）不按布置图安装　扣 20 分 2）元器件安装不牢固　每个扣 5 分 3）元器件安装不整齐、不匀称、不合理　每个扣 6 分 4）损坏元器件　扣 20 分			
布线	20 分	1）不按接线图接线　扣 20 分 2）走线没有做到横平竖直　每根扣 3 分 3）接点松动、露铜过长、压绝缘层、反圈等　每个扣 1 分 4）损伤导线绝缘层或线芯　每根扣 15 分			
通电前检查	10 分	不会使用仪表及测量方法不正确　扣 10 分			
通电检查	30 分	1）不会使用仪表及测量方法不正确　扣 5 分 2）各接点松动或不符合要求　每个扣 5 分 3）接线错误造成通电一次不成功　扣 10 分 4）控制开关进、出线接错　扣 15 分 5）电动机接线错误　扣 20 分 6）接线程序错误　扣 15 分 7）漏接接地线　扣 20 分			

<table>
<tr><td>开始时间</td><td></td><td>结束时间</td><td></td><td>实际时间</td><td></td></tr>
<tr><td colspan="2">定额时间：180min</td><td colspan="2">每超时 10min 及以内，扣 5 分</td><td rowspan="3">总评分数</td><td rowspan="3"></td></tr>
<tr><td>安全文明生产</td><td colspan="3">违反安全文明生产规程　扣 5～40 分</td></tr>
<tr><td>备注</td><td colspan="3">除定额时间外，各项目的最高扣分不应超过配分数</td></tr>
</table>

任务3.5　连续运行控制电路的常见故障和处理方法

3.5.1　相关知识：连续运行控制电路常见故障的原因分析及处理方法

测量检查时，首先把万用表的转换开关置于倍率适当的电阻挡位上（一般选 R×100 以上的挡位），然后按图 3-12 进行测量。

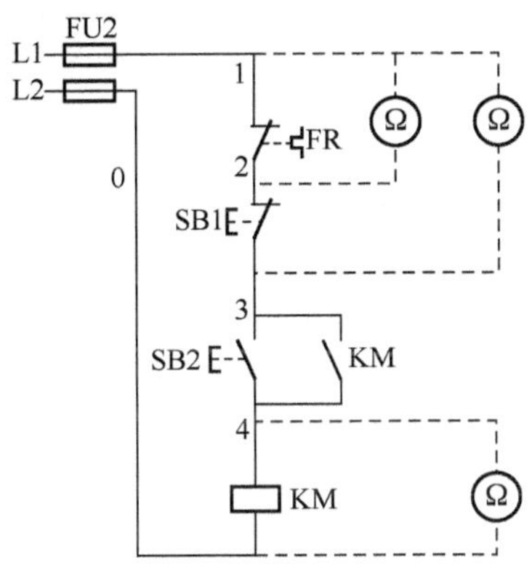

图 3-12　电阻法查找电路故障图

1. 电阻测量法查找故障点（表 3-10）

表 3-10　电阻测量法查找故障表

故障现象	1-2	1-3	0-4	故障点
按下 SB2 时，KM 不吸合	∞	×	×	FR 常闭触头接触不良
	0	∞	×	SB1 常闭触头接触不良
	0	0	∞	KM 线圈断路
	0	0	R	SB2 常开触头接触不良

2. 接触器自锁控制电路的故障检修（表 3-11）

表 3-11　接触器自锁控制电路的常见故障及检修

故障现象	原因分析	检查方法
按下按钮 SB2，接触器 KM 不吸合	1）电源电路故障 可能故障点：电源开关 QS 接触不良或损坏 2）控制电路故障 可能故障点： ① 熔断器 FU2 熔断 ② 热继电器 FR 触点接触不良或动作后未复位 ③ 停止按钮 SB1 常闭触头、起动按钮 SB2 常开触头接触不良 ④ 接触器线圈断线或损坏	电源电路检查 参照点动电路 控制电路检查 参照点动电路 热继电器故障时应检查电动机是否过载

续表

故障现象	原因分析	检查方法
接触器 KM 不自锁	可能故障点： 1）接触器辅助常开触头接触不良 2）自锁回路断线	自锁回路检查 方法：电阻测量法 断开电源，用万用表的电阻挡，将一支表笔固定在 SB1 的下端头，按下 KM 的触头架，另一支表笔逐点顺序检查通路情况，当检查到电路不通的情况时，则故障在该点与上一点之间
按下停止按钮 SB1，接触器不释放	可能故障点： 1）停止按钮 SB1 触头焊住或卡住 2）接触器 KM 已断电，但可动部分被卡住 3）接触器铁芯接触面上有油污，上下粘住 4）接触器主触头烧焊住	方法：电阻测量法 停止按钮 SB1 检查： 断开 QS，用万用表的电阻挡，将两支表笔固定在 SB1 的上、下端头，按下 SB1，检查通断情况 接触器主触头检查： 断开 QS，用万用表的电阻档，将两支表笔分别固定在 KM 的上、下端头，检查通断情况
控制线路正常，电动机不能起动并有嗡嗡声	可能故障点： 1）电源缺相 2）电动机定子绕组断线或绕组匝间短路 3）定子、转子气隙中灰尘、油泥过多，将转子抱住 4）接触器主触头接触不良，使电动机单相运行 5）轴承损坏、转子扫膛	电动机的检查： 1）用钳形电流表测量电动机三相电流是否平衡 2）断开 QS，可用万用表电阻挡测量绕组是否断路
电动机加负载后转速明显下降	可能故障点： 1）电动机运行中电路缺一相 2）转子笼条断裂	电动机运行中电路是否缺一相点，可用钳形电流表测量电动机三相电流是否平衡

3.5.2 实践训练：在规定时间内排除电路故障

在 15min 内，排除 3 个电路故障。

要求：

1）正确使用仪表。

2）排除故障过程中不影响电路原有工艺，不能增加新的故障。

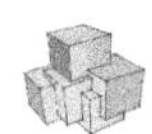

3.5.3 学习测评：连续运行控制电路的故障排除技能测评

任务 3.5 的测评考核，见表 3-12。

表 3-12 排除故障评分表

<table>
<tr><th>项目内容</th><th colspan="3">评分标准（配分 20 分）</th><th>个人评价（30%）</th><th>学生互评（30%）</th><th>教师评分（40%）</th></tr>
<tr><td>短路、新故障</td><td colspan="2">出现短路、出现新故障</td><td>扣 20 分</td><td></td><td></td><td></td></tr>
<tr><td>安全文明生产</td><td colspan="2">违反安全文明生产规程</td><td>扣 5～20 分</td><td></td><td></td><td></td></tr>
<tr><td>定额时间：15min</td><td colspan="2">超过 15min</td><td>扣 20 分</td><td></td><td></td><td></td></tr>
<tr><td>规定时间内</td><td colspan="2">每少排除一个故障</td><td>扣 5 分</td><td></td><td></td><td></td></tr>
<tr><td>开始时间</td><td></td><td>结束时间</td><td></td><td>实际时间</td><td colspan="2"></td></tr>
</table>

项目4 三相异步电动机点动与连续运行控制电路的安装与检修

知识目标

1. 正确识读三相异步电动机点动与连续运行控制电路的电路图和布局图。

2. 正确理解三相异步电动机点动与连续运行控制电路的工作原理。

技能目标

1. 能按照工艺要求正确安装三相异步电动机点动与连续运行控制电路。

2. 能根据三相异步电动机点动与连续运行控制电路的电路图画出其接线图。

3. 会用电阻法检查三相异步电动机点动与连续运行控制电路。

4. 会根据通电检查的要求，规范地进行电路通电测试。

5. 能根据故障现象，检修三相异步电动机点动与连续运行控制电路。

情感目标

1. 有从事维修低压电工岗位的安全工作意识。

2. 能养成遵守工作时间及能按时完成工作任务的习惯。

3. 能与同事交流和合作，能正确处理与领导的关系。

规范标准

1. 《电气图常用图形符号》(GB 4728—85)。

2. 《机床电气设备通用技术条件》(GB 5226—85)。

3. 《电气技术中的文字符号制定通则》(GB 7159—87)。

4. 《电气制图》(GB 6988—86)。

5. 《电气技术中的项目代号》(GB 5094—85)。

 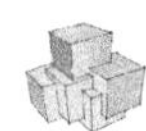

任务4.1 点动与连续运行控制电路的功能

4.1.1 相关知识：点动与连续运行控制电路的功能与组成

1. 点动与连续运行控制电路的功能

生产实际中，常常需要对一台电动机的控制既要点动控制，又要能自锁控制，在需要点动控制，电路实现点动控制功能；在正常运行时，又需要能保持连续运行的自锁控制。我们将这种电路称为异步电动机点动与连续运行控制电路。本课程学习用复合按钮控制的点动与连续运行控制电路，如图4-1所示。

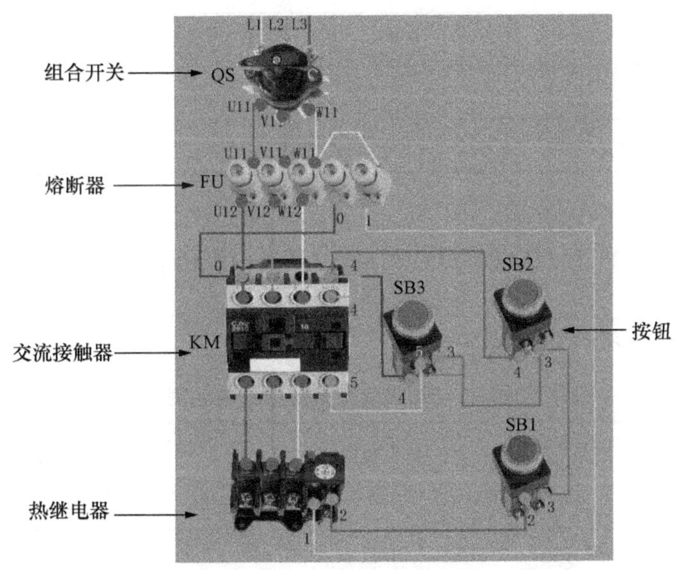

图4-1 三相异步电动机点动与连续运行控制电路

电路同时兼有两种电路功能，SB3控制点动、SB1和SB2控制连续运行。

电动机点动的控制顺序是：合上组合开关→按下按钮SB3→交流接触器动作→电动机通电运行；松开按钮SB3→交流接触器恢复原来状态→电动机断电停止→断开组合开关。

电动机连续运行的控制顺序是：合上组合开关→按下按钮SB2→交流接触器动作→电动机通电运行；按下按钮SB1→交流接触器恢复原来状态→电动机断电停止→断开组合开关。

2. 点动与连续运行电路的组成

电路由组合开关、熔断器、按钮、交流接触器和热继电器，用导线连接而成。

4.1.2 实践训练：电动机通电、断电控制

填写电动机通电、断电控制顺序表，见表 4-1。

表 4-1 电动机通电、断电控制顺序

功能	步骤	电动机通电	电动机断电
点动	第一步		
	第二步		
	第三步		
	第四步		
连续运行	第一步		
	第二步		
	第三步		
	第四步		

4.1.3 学习测评：点动与连续运行控制电路控制功能测评

任务 4.1 的测评考核，见表 4-2。

表 4-2 点动与连续运行控制电路功能测评考核

名称	要求	测评考核		备注
		自测值	互测值	
点动控制	步骤齐全，语句通顺、简练			
连续运行控制	步骤齐全，语句通顺、简练			

任务 4.2 识读点动与连续运行控制电路的电路图

4.2.1 相关知识：点动与连续运行控制电路的电路图

1. 点动与连续运行控制的电路图

点动与连续运行控制的电路图，如图 4-2 所示。

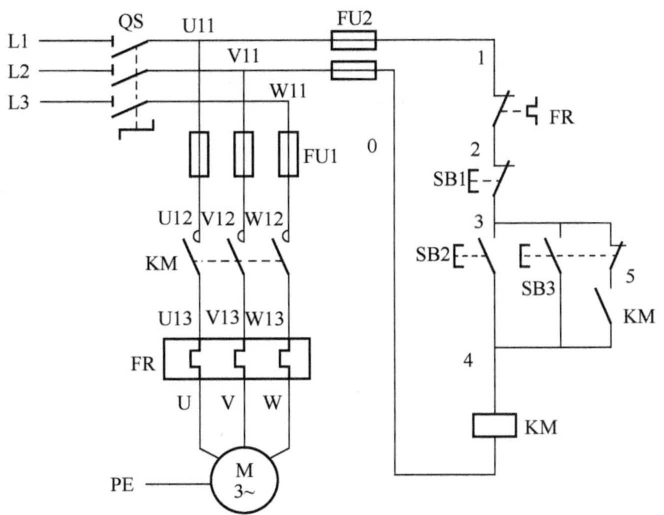

图 4-2　点动与连续运行控制的电路图

电路的工作原理：

（1）点动由 SB3 控制

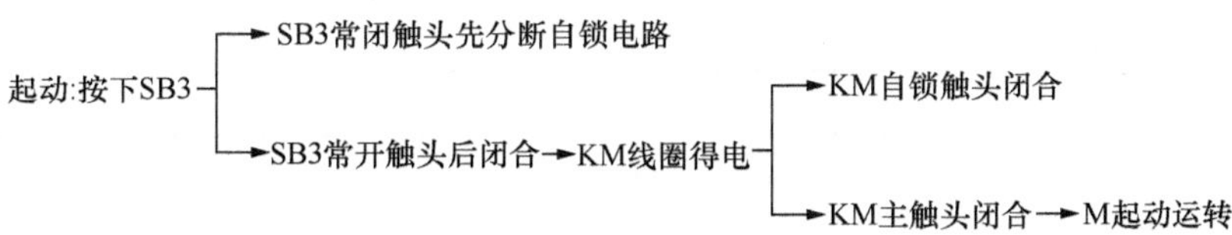

（2）连续运行由 SB1、SB2 控制

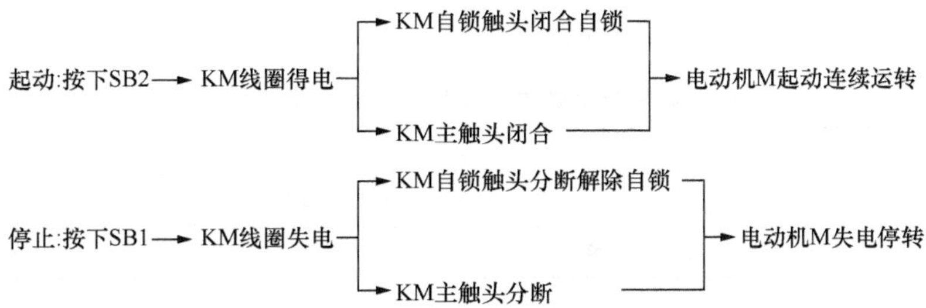

2. 电路的保护功能

① 短路保护：熔断器 FU1、FU2 分别作主电路、控制电路的短路保护。

② 欠电压保护、失电压保护：接触器 KM 的线圈兼有欠电压保护、失电压保护。

③ 过载保护：热继电器 FR 保护电动机过载。

4.2.2　实践训练：绘制点动与连续运行控制电路的电路图并简述其原理

按照表 4-3 的要求，画出点动与连续运行控制电路的电路图，简述电路的工作原理和保护功能。

表 4-3 画出电路的电路图，简述电路的工作原理和保护功能

画电路图	
简述电路的工作原理	
简述电路的保护功能	

4.2.3 学习测评：点动与连续运行控制电路电路图绘制测评

任务 4.2 的测评考核，见表 4-4。

表 4-4 点动与连续运行控制电路电电路图测评考核

名称	要求	测评考核		备注
		自测值	互测值	
画图	准确、工整			
工作原理	内容正确，表达清晰，语句通顺、简练			
保护功能				

任务4.3 点动与连续运行控制电路的安装和检查

4.3.1 相关知识：电气控制线路的安装、检查及通电试车认知

点动与连续运行控制电路的布置图，如图 4-3 所示。

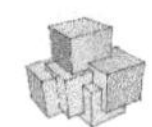

1. 电气控制线路安装工艺要求

参照任务2.4的工艺要求安装本电路。

2. 电气控制线路的检查方法

点动控制，参照任务2.4检查方法。

连续运行控制，参照任务3.4的检查方法。

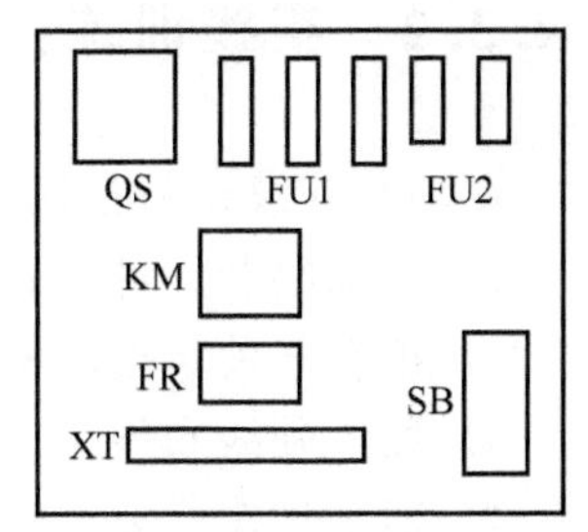

图4-3　点动与连续运行控制电路的布置图

3. 通电试车注意事项

① 为保证人身安全，在通电试车时，要认真执行安全操作规程的有关规定，一人监护，一人操作。试车前，应检查与通电试车有关的电气设备是否有不安全的因素存在，若查出应立即整改，然后方能试车。

② 通电试车前，必须征得教师的同意，并由指导教师接通三相电源L1、L2、L3，同时在现场监护。学生合上电源开关QS后，用测电笔检查熔断器出线端，氖管亮说明电源接通。上述检查一切正常后，做好准备工作，在指导老师监护下试车。

4. 通电试车

通电试车如图4-4所示，按下列步骤依次进行操作。

① 接线顺序：先接电动机线，后接电源线。

② 通电顺序：（右手操作）先合组合开关QS，后按SB2起动电动机。

③ 断电顺序：（右手操作）先按SB1断开电动机，后断组合开关QS。

④ 拆线顺序：先拆电源线后拆电动机线。

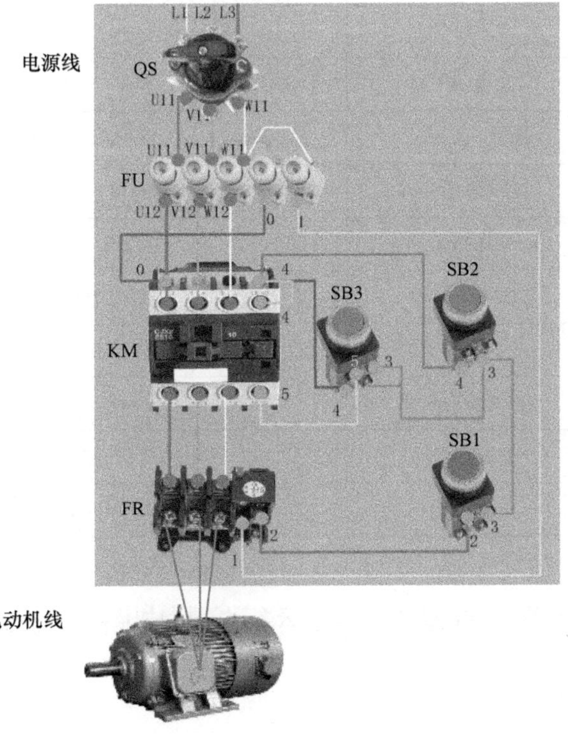

图4-4　通电试车

4.3.2 实践训练：点动与连续运行控制电路的安装和检查

点动与连续运行控制电路的安装和检查要求：

1）正确绘制元件布置图和接线图。

2）组合开关、熔断器、按钮、接触器、热继电器安装应正确、牢固。

3）按照硬线布线工艺要求安装布线。

4）通电试车时要严格遵守安全规程。

仪表、工具、耗材和器材准备，如表 4-5 所示。

表 4-5 仪表、工具、耗材和器材准备

工具	测电笔、尖嘴钳、剥线钳、螺钉旋具、电工刀等				
仪表	MF47 型万用表				
器材	代号	名称	型号	规格	数量
		三相四线电源		～3×380V	1
	M	三相电动机	Y112M-4	4kW、380V、8.8A、△接法	1
		配线板		500mm×400mm×20mm	1
	QS	组合开关	HZ2-60/3	380V、60A	1
	FU1	熔断器 FU1	RL1-60/25	380V、60A、配熔体 25A	3
	FU2	熔断器 FU2	RL1-15/2	380V、15A、配熔体 2A	2
	KM	接触器 KM	CJ10-10	10A、线圈电压 380V	1
	SB	按钮 SB1～SB3	LA4-3H	保护式、按钮数 3	1
	FR	热继电器 FR	JR20	380V、20A	1
	XT	接线端子排	TD-AZ1	600V、20A	1
		主电路导线		BVR1.5mm^2 和 BV1.5mm^2	若干
		控制电路导线		BV1.0mm^2	若干
		按钮塑料铜线		BVR0.75mm^2	若干
		接地线		BVR1.5mm^2（黄绿双色）	若干
		木螺钉		ϕ5×30mm	若干

4.3.3 学习测评：点动与连续运行控制电路的安装和检查测评

任务 4.3 的测评考核，见表 4-6。

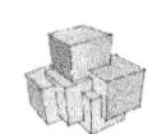

表 4-6　三相异步电动机点动与连续运行控制电路的安装和检查测评考核

项目内容	配分	评分标准	个人评价（30%）	学生互评（30%）	教师评分（40%）
画布局图	10 分				
画接线图	10 分				
安装元件	20 分	1）不按布置图安装　扣 20 分 2）元器件安装不牢固　每个扣 5 分 3）元器件安装不整齐、不匀称、不合理　每个扣 6 分 4）损坏元器件　扣 20 分			
布线	20 分	1）不按接线图接线　扣 20 分 2）走线没有做到横平竖直　每根扣 3 分 3）接点松动、露铜过长、压绝缘层、反圈等　每个扣 1 分 4）损伤导线绝缘层或线芯　每根扣 15 分			
通电前检查	10 分	不会使用仪表及测量方法不正确　扣 10 分			
通电检查	30 分	1）不会使用仪表及测量方法不正确　扣 5 分 2）各接点松动或不符合要求　每个扣 5 分 3）接线错误造成通电一次不成功　扣 10 分 4）控制开关进、出线接错　扣 15 分 5）电动机接线错误　扣 20 分 6）接线程序错误　扣 15 分 7）漏接接地线　扣 20 分			
开始时间		结束时间		实际时间	
定额时间：180min		每超时 10min 及以内，扣 5 分		总评分数	
安全文明生产	违反安全文明生产规程　扣 5～40 分				
备注	除定额时间外，各项目的最高扣分不应超过配分数				

任务4.4 点动与连续运行控制电路的常见故障和处理方法

4.4.1 相关知识：元器件及控制电路的常见故障与检修

1. 元件常见故障及维修

检修方法，参看任务 2.5 组合开关、熔断器、交流接触器、按钮常见故障及处理方法。

2. 控制电路的故障检修

点动控制部分参看任务 2.5 点动控制电路的常见故障和处理方法；连续运行部分参看任务 3.5 连续运行控制电路的故障及处理方法。

4.4.2 实践训练：在规定时间内排除电路故障

在 15min 内，排除 3 个电路故障。

要求：

1）正确使用仪表。

2）排除故障过程中不影响电路原有工艺，不能增加新的故障。

4.4.3 学习测评：点动与连续运行控制电路的故障排除技能测评

任务 4.4 的测评考核，见表 4-7。

表 4-7 排除故障评分表

<table>
<tr><td>项目内容</td><td colspan="3">评分标准（配分 20 分）</td><td>个人评价（30%）</td><td>学生互评（30%）</td><td>教师评分（40%）</td></tr>
<tr><td>短路、新故障</td><td colspan="3">出现短路、出现新故障 扣 20 分</td><td></td><td></td><td></td></tr>
<tr><td>安全文明生产</td><td colspan="3">违反安全文明生产规程 扣 5～20 分</td><td></td><td></td><td></td></tr>
<tr><td>定额时间：15min</td><td colspan="3">超过 15min 扣 20 分</td><td></td><td></td><td></td></tr>
<tr><td>规定时间内</td><td colspan="3">每少排除一个故障 扣 5 分</td><td></td><td></td><td></td></tr>
<tr><td>开始时间</td><td></td><td>结束时间</td><td></td><td colspan="2">实际时间</td><td></td></tr>
</table>

知识拓展

1. 安全色标

我国采用的安全色标的含义基本上与国际安全色标标准相同。安全色标的意义，见表 4-8。

表 4-8　安全色标

色标	含义	举例
红色	禁止、停止、消防	停止按钮、灭火器、仪表运行极限
黄色	注意、警告	“当心触电”“注意安全”
绿色	安全、通过、允许、工作	如“在此工作”“已接地”
黑色	警告	多用于文字、图形、符号
蓝色	强制执行	“必须戴安全帽”

为使安全色更加醒目的反衬色叫对比色。国家规定的对比色是黑白两种颜色。安全色与其对比的对比色是：红-白、黄-黑、蓝-白、绿-白。

2. 导体色标

裸母线及电缆芯线的相序或极性见表 4-9。

表 4-9　导体色标

类别	导体名称	旧	新
交流电路	L1	黄	黄
	L2	绿	绿
	L3	红	红
	N	黑	浅蓝
直流电路	正极	红	棕
	负极	蓝	蓝
安全用接地线		黑	黄/绿双色线*

* 按国际标准和我国标准，在任何情况下，黄/绿双色线只能用作保护接地或保护接零线。但在日本及西欧一些国家采用单一绿色线作为保护接地（零）线，我国出口这些国家的产品也是如此。使用这类产品时，必须注意查阅使用说明书或用万用表判别。

理论试题精选

一、选择题

1. 一般热继电器的热元件按电动机额定电流来选择电流等级，其整定值为（　　）I_N。

A. 0.3～0.5　　B. 0.95～1.05

C. 1.2～1.3　　D. 1.3～1.4

2. 热继电器中的双金属片弯曲是由于（　　）。

A. 机械强度不同　　B. 热膨胀系数不同

C. 温差不同　　D. 受外力的作用

3. 三相交流异步电动机，应选低压电器（　　）作为过载保护。

A. 热继电器　　B. 过电流继电器

C. 熔断器　　D. 断路器

4. 热继电器在电动机控制电路中不能做作（　　）。

A. 短路保护　　B. 过载保护

C. 断相保护　　D. 电路不平衡运行保护

5. 热继电器是利用电流（　　）来推动动作机构使触头系统闭合或分断的保护电器。

A. 热效应　　B. 磁效应

C. 机械效应　　D. 化学效应

6. 热继电器的常闭触头串联在（　　）。

A. 控制电路中　　B. 主电路中

C. 保护电路中　　D. 照明电路中

7. 对于三相笼型异步电动机的多地控制，须将多个起动按钮并联、多个停止按钮（　　），才能达到要求。

A. 串联　　B. 并联

C. 自锁　　D. 混联

8. 使电动机在松开起动按钮后，也能保持连续运行的控制电路，是（　　）。

A. 点动控制电路　　B. 接触器自锁控制电路

C. 接触器互锁控制电路　　D. 接触器联锁控制电路

9. 自锁是通过接触器自身的（　　）触头，使线圈保持得电的作用，并与起动按钮并联。

A. 辅助常开　　B. 辅助常闭

C. 主触头　　D. 联锁

10. 接触器自锁控制电路，除接通或断开电路外，还具有（　　）功能。

A. 失电压和欠电压保护　　B. 短路保护

C. 过载保护　　D. 零励磁保护

二、判断题

(　　) 1. 热继电器的双金属片与作为温度补偿元件的双金属片，其弯曲方向相反。

(　　) 2. 只要将热继电器的热元件串联在主电路中就能对电动机起到过载保护作用。

(　　) 3. 接触器自锁控制电路能使电动机连续运转，但不能作为欠电压和失电压保护用。

(　　) 4. 热继电器的额定电流就是其触点的额定电流。

(　　) 5. 继电器的输入量只能是电压或电流等电量。

项目5 三相异步电动机正反转控制电路的安装与检修

知识目标

1. 正确识读三相异步电动机正反转控制电路的电路图和布局图。

2. 正确理解三相异步电动机正反转控制电路的工作原理。

技能目标

1. 能按照工艺要求正确安装三相异步电动机正反转控制电路。

2. 能根据三相异步电动机正反转控制电路的电路图画出其布置图、接线图。

3. 会用电阻法检查三相异步电动机正反转控制电路。

4. 会根据通电检查的要求，规范地进行电路通电测试。

5. 能根据故障现象，检修三相异步电动机正反转控制电路。

情感目标

1. 有从事维修低压电工岗位的安全工作意识。

2. 能养成遵守工作时间及能按时完成工作任务的习惯。

3. 能与同事交流和合作，能正确处理与领导的关系。

规范标准

1. 《电气图常用图形符号》(GB 4728—85)。

2. 《机床电气设备通用技术条件》(GB 5226—85)。

3. 《电气技术中的文字符号制定通则》(GB 7159—87)。

4. 《电气制图》(GB 6988—86)。

5. 《电气技术中的项目代号》(GB 5094—85)。

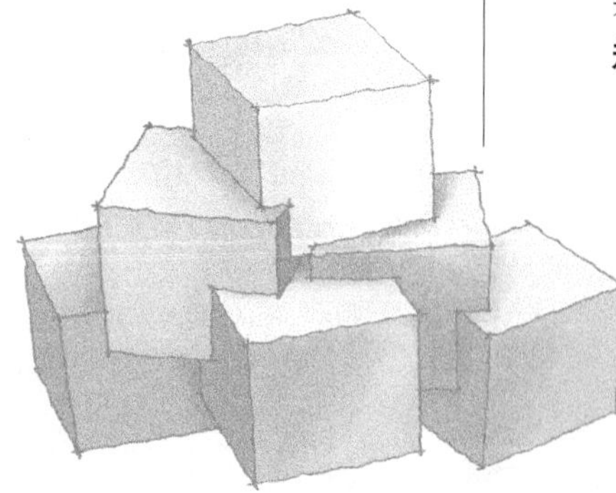

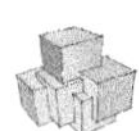

任务5.1　正反转控制电路的功能

5.1.1　相关知识：正反转控制电路的应用、组成及其控制功能

1. 正反转控制电路在机床上的应用

正反转控制电路常用于铣床工作台进给电动机控制，如图5-1所示。正转控制电路只能使电动机向一个方向旋转，带动生产机械的运动部件向一个方向运动。要满足生产机械能正、反两个方向运动，就要求电动机能实现正、反转控制。

图5-1　铣床工作台进给的电动机正反转

2. 正反转控制电路的组成及控制顺序

正反转控制电路由组合开关、熔断器、按钮、热继电器、交流接触器KM1和KM2，用导线连接而成，如图5-2所示。

电动机正转的控制顺序是：合上组合开关→按下按钮SB2→交流接触器KM1动作→电动机通电正转；按下按钮SB1→交流接触器KM1恢复原来状态→电动机断电停止→断开组合开关。

电动机反转的控制顺序是：合上组合开关→按下按钮SB3→交流接触器KM2动作→电动机通电反转；按下按钮SB1→交流接触器KM2恢复原来状态→电动机断电停止→断开组合开关。

5.1.2　实践训练：电动机通电、断电控制

填写电动机通电、断电控制顺序表，见表5-1。

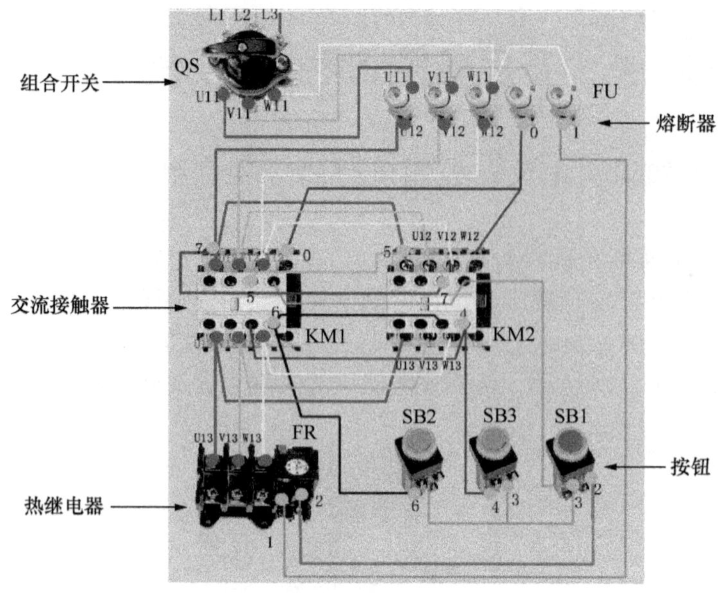

图 5-2 正反转控制电路

表 5-1 电动机通电、断电控制顺序

功能	步骤	电动机通电	电动机断电
正转	第一步		
	第二步		
	第三步		
	第四步		
反转	第一步		
	第二步		
	第三步		
	第四步		

5.1.3 学习测评：正反转控制电路控制功能测评

任务 5.1 的测评考核，见表 5-2。

表 5-2 正反转控制电路功能测评考核

名称	要求	测评考核		备注
		自测值	互测值	
正转	步骤齐全，语句通顺、简练			
反转	步骤齐全，语句通顺、简练			

任务5.2　识读正反转控制电路的电路图

5.2.1　相关知识：正反转控制电路的电路图

1. 接触器切换三相电源相序

正反转控制电路由接触器 KM1、KM2 互动，切换输入电动机的电源相序，如图 5-3所示。

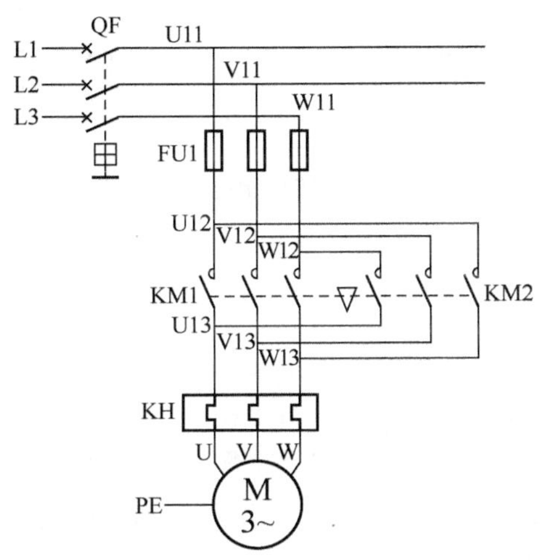

图 5-3　接触器切换定子绕组

当接入电动机的三相电源中任意两相对调时，电动机将反转。KM1 闭合时，相序为 U、V、W，电动机正转；KM2 闭合时，相序为 W、V、U，电动机反转。

2. 正反转控制电路的工作原理

正反转控制电路的电路图，如图 5-4 所示。

(1) 正转控制

(2) 停止控制

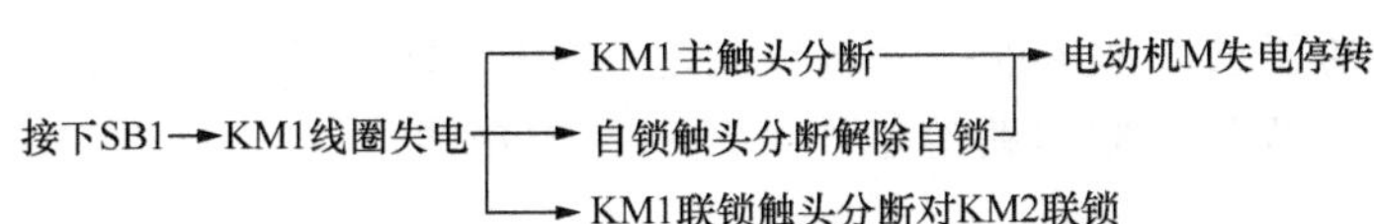

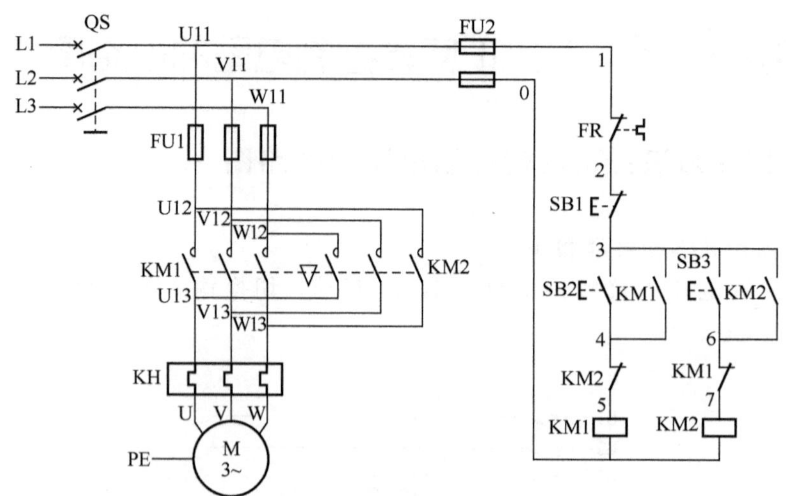

图 5-4　正反转控制电路的电路图

（3）反转控制

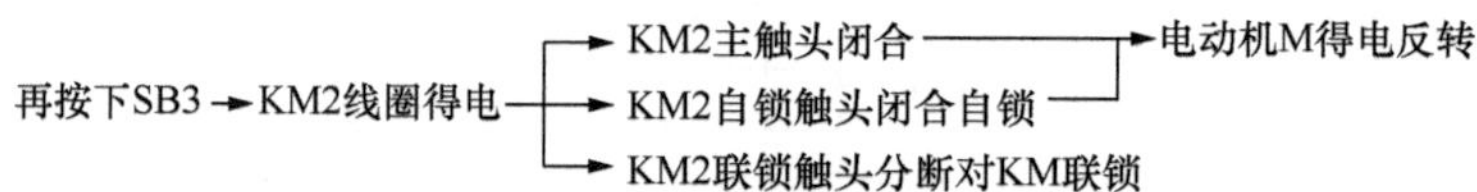

电路图中“▽”表示 KM1、KM2 两个接触器联锁（也称为互锁），表示接触器 KM1、KM2 的主触头绝不允许同时闭合。在正反转控制电路中，接触器 KM1、KM2 的主触头同时闭合将造成两相电源（L1、L3）短路。

为了实现接触器 KM1、KM2 联锁，分别在 KM1 线圈支路串联了 KM2 的常闭触头、KM2 线圈支路串联了 KM1 的常闭触头。

（4）电路的保护功能

① 短路保护：熔断器 FU1、FU2 分别用于主电路、控制电路的短路保护。

② 欠电压保护、失电压保护：接触器 KM 的线圈兼有欠电压保护、失电压保护。

③ 过载保护：热继电器 FR 保护电动机过载。

5.2.2　实践训练：绘制正反转控制电路的电路图并简述其工作原理和保护功能

按照表 5-3 的要求，画出连正反转控制电路的电路图，简述实现三相异步电动机反转的方法，简述正反转控制电路的工作原理和保护功能。

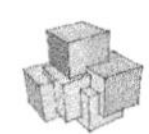

表 5-3　画出电路的电路图，简述电路的工作原理和保护功能

画电路图	
简述三相异步电动机反转的方法	
简述电路的工作原理	
简述电路的保护功能	

5.2.3　学习测评：正反转控制电路电路图绘制测评

任务 5.2 的测评考核，见表 5-4。

表 5-4　正反转控制电路电路图测评考核

名称	要求	测评考核		备注
		自测值	互测值	
画图	准确、工整			
工作原理	内容正确，表达清晰，语句通顺、简练			
保护功能				

任务5.3　正反转控制电路的安装和检查

5.3.1　相关知识：电气控制线路的安装、检查及通电试车认知

正反转控制的电路图的布置图、连接图，如图 5-5 所示。

1. 电气控制线路安装工艺要求

参照任务 2.4 的工艺要求安装本电路。

2. 电气控制线路的检查

参照任务 3.4 的检查方法。

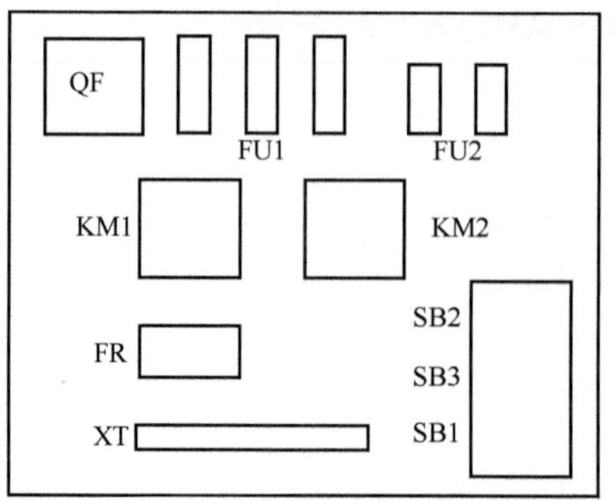

(a)布置图

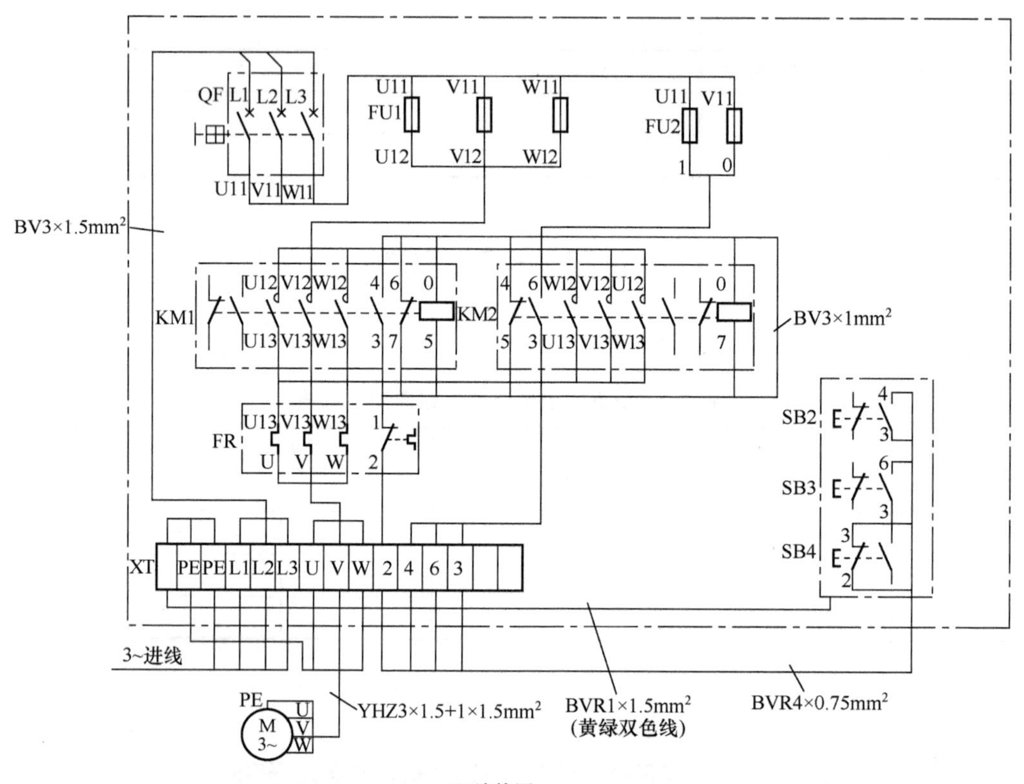

(b)连接图

图 5-5　正反转控制的电路图的布置图、连接图

（1）检查主电路

断开 FU2 以切除控制电路。

① 检查各相通路。

② 检查电源换相通路。

（2）检查控制电路

拆下电动机接线，接通 FU2 将万用表笔接于 QS 下端 U11、V11 端子做以下几项检查。

① 检查正反转起动及停车控制。

② 检查自锁电路。

③ 检查联锁电路。

3．通电试车注意事项

① 为保证人身安全，在通电试车时，要认真执行安全操作规程的有关规定，一人监护，一人操作。试车前，应检查与通电试车有关的电气设备是否有不安全的因素存在，若查出应立即整改，然后方能试车。

② 通电试车前，必须征得教师的同意，并由指导教师接通三相电源 L1、L2、L3，同时在现场监护。学生合上电源开关 QS 后，用测电笔检查熔断器出线端，氖管亮说明电源接通。上述检查一切正常后，做好准备工作，在指导老师监护下试车。

4．通电试车

通电试车如图 5-6 所示。按下列步骤依次进行操作。

① 接线顺序：先接电动机线，后接电源线。

② 通电顺序：（右手操作）先合组合开关 QS，后按 SB2 起动电动机。

③ 断电顺序：（右手操作）先按 SB1 断开电动机，后断组合开关 QS。

④ 拆线顺序：先拆电源线后拆电动机线。

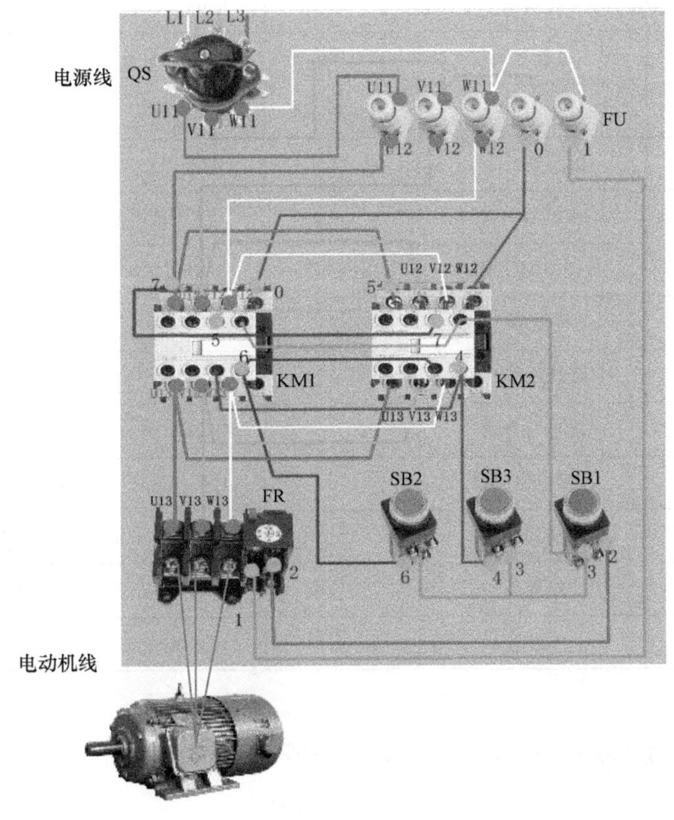

图 5-6　通电试车

5.3.2 实践训练：三相异步电动机正反转控制电路的安装和检查

三相异步电动机正反转控制电路的安装和检查要求：

1）正确绘制元件布置图和接线图。

2）组合开关、熔断器、按钮、接触器、热继电器安装要正确、牢固。

3）按照硬线布线工艺要求安装布线。

4）通电试车时要严格遵守安全规程。

仪表、工具、耗材和器材准备，如表 5-5 所示。

表 5-5 仪表、工具、耗材和器材准备

工具	测电笔、尖嘴钳、剥线钳、螺钉旋具、电工刀等				
仪表	MF47 型万用表				
器材	代号	名称	型号	规格	数量
		三相四线电源		～3×380V	1
	M	三相电动机	Y112M-4	4kW、380V、8.8A、△接法	1
		配线板		500mm×400mm×20mm	1
	QS	组合开关	HZ2-60/3	380V、60A	1
	FU1	熔断器 FU1	RL1-60/25	380V、60A、配熔体 25A	3
	FU2	熔断器 FU2	RL1-15/2	380V、15A、配熔体 2A	2
	KM	接触器 KM	CJ10-10	10A、线圈电压 380V	2
	SB	按钮 SB1～SB3	LA4-3H	保护式、按钮数 3	1
	FR	热继电器 FR	JR20	380V、20A	1
	XT	接线端子排	TD-AZ1	600V、20A	1
		主电路导线		BVR1.5mm^2 和 BV1.5mm^2	若干
		控制电路导线		BV1.0mm^2	若干
		按钮塑料铜线		BVR0.75mm^2	若干
		接地线		BVR1.5mm^2（黄绿双色）	若干
		木螺钉		ϕ5×30mm	若干

5.3.3 学习测评：正反转控制电路安装和检查测评

任务 5.3 的测评考核见表，见表 5-6。

表 5-6　三相异步电动机正反转控制电路的安装和检查测评考核

项目内容	配分	评分标准	个人评价（30%）	学生互评（30%）	教师评分（40%）
画布局图	10 分				
画接线图	10 分				
安装元件	20 分	1）不按布置图安装　扣 20 分 2）元器件安装不牢固　每个扣 5 分 3）元器件安装不整齐、不匀称、不合理　每个扣 6 分 4）损坏元器件　扣 20 分			
布线	20 分	1）不按接线图接线　扣 20 分 2）走线没有做到横平竖直　每根扣 3 分 3）接点松动、露铜过长、压绝缘层、反圈等　每个扣 1 分 4）损伤导线绝缘层或线芯　每根扣 15 分			
通电前检查	10 分	不会使用仪表及测量方法不正确　扣 10 分			
通电检查	30 分	1）不会使用仪表及测量方法不正确　扣 5 分 2）各接点松动或不符合要求　每个扣 5 分 3）接线错误造成通电一次不成功　扣 10 分 4）控制开关进、出线接错　扣 15 分 5）电动机接线错误　扣 20 分 6）接线程序错误　扣 15 分 7）漏接接地线　扣 20 分			

<table>
<tr><td>开始时间</td><td></td><td>结束时间</td><td></td><td>实际时间</td><td></td></tr>
<tr><td colspan="2">定额时间：180min</td><td colspan="2">每超时 10min 及以内，扣 5 分</td><td rowspan="3">总评分数</td><td rowspan="3"></td></tr>
<tr><td>安全文明生产</td><td colspan="3">违反安全文明生产规程　扣 5～40 分</td></tr>
<tr><td>备注</td><td colspan="3">除定额时间外，各项目的最高扣分不应超过配分数</td></tr>
</table>

任务5.4 正反转控制电路的常见故障和处理方法

5.4.1 相关知识：正反转控制电路的常见故障、原因分析及检查方法

1. 故障检修步骤和方法

1）用试验法来观察故障现象。

2）用逻辑分析法缩小故障范围，并在电路图上用点画线标出故障部位的最小范围。

3）用测量法准确、迅速地找出故障点。

4）根据故障点的不同情况，采取正确的修复方法，迅速排除故障。

5）排除故障后通电试车。

2. 正反转控制电路各种故障现象、原因分析及检查方法

正反转控制电路各种故障现象、原因分析及检查方法见表5-7。

表5-7 正反转控制电路各种故障现象、原因分析及检查方法

故障现象	原因分析	检查方法
按下SB2（或SB3）时，接触器KM1（或KM2）动作，但电动机均不能起动，且有“嗡嗡”声	按下SB2（或SB3）时，接触器KM1（或KM2）动作，说明控制电路正常，故障应在主电路上，其可能原因是： 1）电源W相断相 2）熔断器FU1有熔体熔断 3）热继电器FR的热元件损坏 4）主触头接触不良 5）主电路各连接点接触不良或连接导线断路 6）电动机故障	立即按下停止按钮 1）用验电器检查电源开关W相的上、下端，上端无电，则电源断相；上端有电，下端无电，则开关故障 2）电源下端有电，用验电器检查接触器KM1、KM2的上接线桩看是否有电，若某相无电，则用验电器从该点开始逐点向上检查，故障点在有电与无电之间 3）接触器主触头的上端头都有电，则断开电源，拔掉熔断器熔芯，用万用表电阻挡检查，其中一支表笔固定在接触器KM1（或KM2）主触头某相上端头，按下触头架，另一支表笔交替测量另外两相，进行两两间逐相检测通路情况，对其他两相都不通的相是故障相。然后再对故障相逐点检查，找出故障点
正转控制正常，反转时接触器KM2不动作，电动机不起动	正转控制正常，说明电源电路、熔断器FU1和FU2、热继电器FR、停止按钮SB1及电动机M均正常，其故障可能在反转控制电路3—SB3—6—KM1—7—KM2—0上	1）用验电器依次检查反转控制电路上反转起动按钮SB2、联锁触头KM1和接触器KM2线圈的上、下接线桩，根据是否有电找出故障点 2）断开电源后，用电阻测量法找出反转控制电路3—SB2—6—KM1—7—KM2—0上的故障点

续表

故障现象	原因分析	检查方法
正转控制正常，反转断相	正转正常，反转断相，说明电源电路、控制电路、熔断器、热继电器及电动机均正常，故障可能原因是反转接触器 KM2 主触头的某一相接触不良或其连接导线松脱或断路	用验电器检查反转接触器 KM2 主触头的上接线桩是否有电，若某点无电，则该相连接导线断路；都有电，则断开电源，按下 KM2 的触头架，用万用表的电阻挡分别测量每对主触头的通断情况，不通者即为故障点；若全部导通，再检查 KM2 主触头下接线桩连接导线的通断情况，直至找出故障点
按下 SB2（或 SB3）时，接触器 KM1（或 KM2）都不动作，电动机均不起动	接触器 KM1（或 KM2）都不动作，其可能原因是： 1）电源电路故障 2）熔断器 FU2 熔体熔断 3）热继电器 FR 的常闭触头接触不良 4）停止按钮 SB1 接触不良 5）0 号线出现断路	1）用电压测量法或验电器法查找电源电路和熔断器 FU2 的故障点 2）用电阻测量法或验电器法查找控制电路公共部分的故障点
按下 SB2 时，电动机正常运转，松开 SB2 后，电动机停转	由故障现象可判断故障点应在正转控制电路的自锁电路上 1）接触器 KM1 的自锁触头接触不良 2）KM1 的自锁回路断路	断开电源，将万用表置于倍率适当的电阻挡，将一支表笔固定在 SB3 的接线桩 3，按下 KM1 的触头架，另一支表笔依次逐点检查自锁回路的通断情况，当检查到使电路不通的点时，则故障点在该点与上一点之间
按下 SB2 时，电动机正常运转，但按下停止按钮 SB1 后，电动机不停转	按下 SB1 后，电动机不停转的可能原因是： 1）停止按钮 SB1，常闭触头焊住或卡住 2）接触器 KM1 已断电，但其可动部分被卡住 3）接触器 KM1 铁心接触面上有油污，其上、下铁心被粘住 4）接触器 KM1 主触头熔焊	1）停止按钮 SB3 的检查。断开电源，将万用表置于倍率适当的电阻挡，把两支表笔固定在 SB3 的 2、3 接线桩，检查通断情况 2）接触器 KM1 主触头检查断开电源，将万用表置于倍率适当的电阻挡，把两支表笔分别固定在 KM1 主触头的上、下接线桩，检查通断情况
按下 SB2（或 SB3）时，电动机都有“嗡嗡”声，均不能正常起动	根据故障现象判断故障范围可能在电源电路和主电路上出现了断相故障	参照任务 2.5 介绍的方法检查

5.4.2　实践训练：在规定时间内排除电路故障

在 15min 内，排除 3 个电路故障。

要求：

1）正确使用仪表。

2）排除故障过程中不影响电路原有工艺，不能增加新的故障。

5.4.3 学习测评：正反转控制电路的故障排除技能测评

任务 5.4 的测评考核，见表 5-8。

表 5-8 排除故障评分表

<table>
<tr><th>项目内容</th><th colspan="4">评分标准（配分 20 分）</th><th>个人评价（30%）</th><th>学生互评（30%）</th><th>教师评分（40%）</th></tr>
<tr><td>短路、新故障</td><td colspan="3">出现短路、出现新故障</td><td>扣 20 分</td><td></td><td></td><td></td></tr>
<tr><td>安全文明生产</td><td colspan="3">违反安全文明生产规程</td><td>扣 5～20 分</td><td></td><td></td><td></td></tr>
<tr><td>定额时间：15min</td><td colspan="3">超过 15min</td><td>扣 20 分</td><td></td><td></td><td></td></tr>
<tr><td>规定时间内</td><td colspan="3">每少排除一个故障</td><td>扣 5 分</td><td></td><td></td><td></td></tr>
<tr><td>开始时间</td><td></td><td>结束时间</td><td colspan="2"></td><td>实际时间</td><td colspan="2"></td></tr>
</table>

知识拓展

1. 应用倒顺开关控制三相异步电动机正反转电路。

（1）倒顺开关

倒顺开关的外形、结构和符号，如图 5-7 所示。

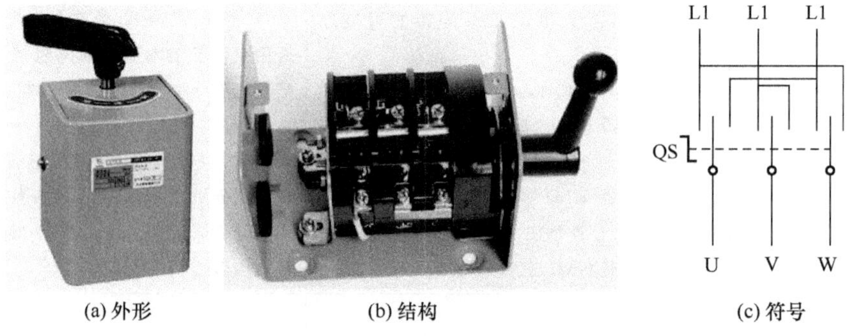

(a) 外形　(b) 结构　(c) 符号

图 5-7 倒顺开关的外形、结构和符号

倒顺开关的型号及其含义，如图 5-8 所示。

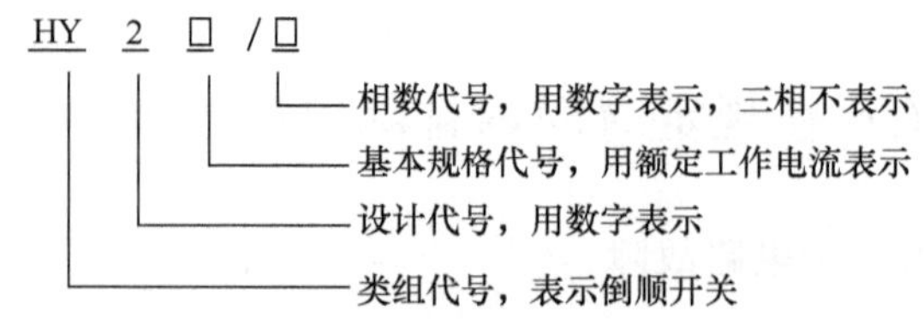

图 5-8 倒顺开关的型号及其含义

(2) 倒顺开关控制的电动机正反转电路

倒顺开关控制的电动机正反转电路，如图5-9所示。

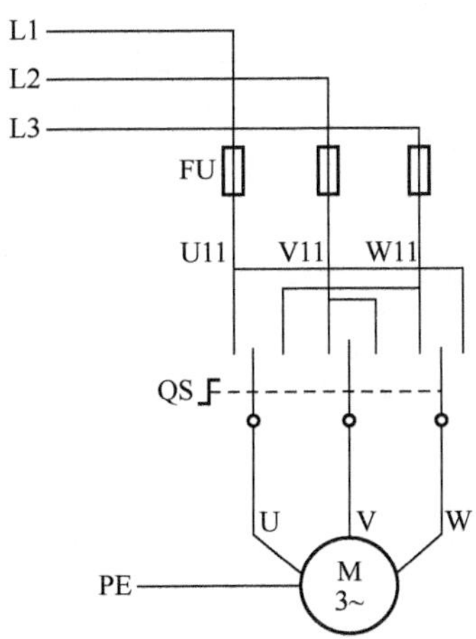

图5-9　倒顺开关正反转控制电路

倒顺开关控制的电动机正反转电路，其工作原理，如表5-9所示。

表5-9　倒顺开关正反转控制电路的工作原理

手柄位置	QS状态	电路状态	电动机状态
停	QS的动、静触头不接触	电路不通	电动机不转
顺	QS的动触头和左边的静触头相接触	电路按L1-U、L2-V、L3-W接通	电动机正转
倒	QS的动触头和右边的静触头相接触	电路按L1-W、L2-V、L3-U接通	电动机反转

2. 按钮联锁正反转控制电路

按钮联锁正反转控制电路，如图5-10所示。

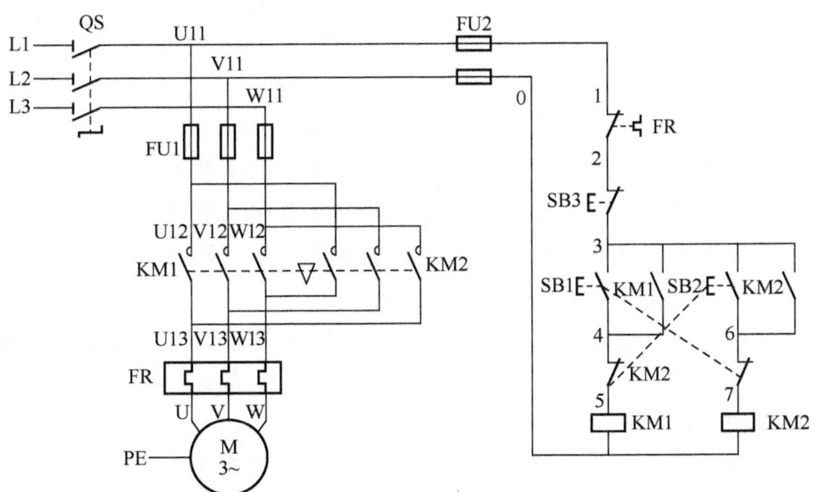

图5-10　按钮联锁正反转控制电路图

3. 按钮、接触器双重联锁正反转控制电路

按钮、接触器双重联锁正反转控制电路，如图 5-11 所示。

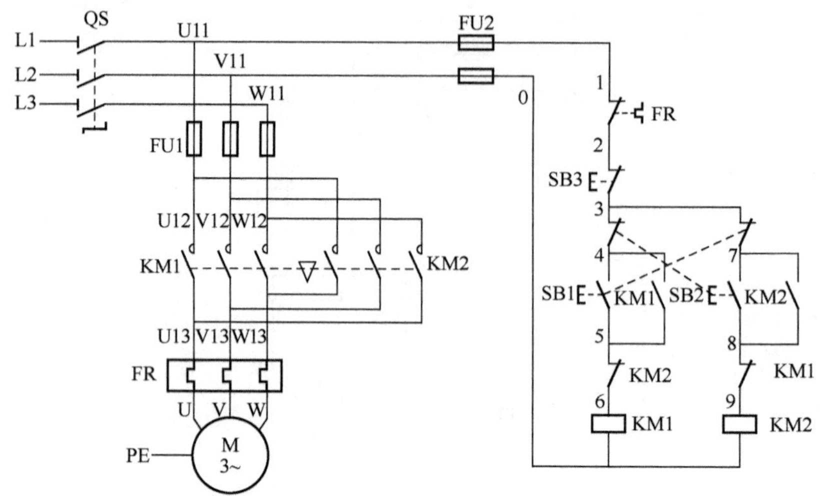

图 5-11　按钮、接触器双重联锁正反转控制电路图

理论试题精选

一、选择题

1. 三相交流异步电动机旋转方向由（　　）决定。

A. 电动势方向　　B. 电流方向

C. 频率　　D. 旋转磁场方向

2. 要使三相异步电动机反转，只要（　　）就能完成。

A. 降低电压　　B. 降低电流

C. 将任意两根电源线对调　　D. 降低电路功率

3. 实现三相异步电动机在正反转是（　　）实现的。

A. 正转接触器的常闭触头和反转接触器的常闭触头联锁

B. 正转接触器的常开触头和反转接触器的常开触头联锁

C. 正转接触器的常闭触头和反转接触器的常开触头联锁

D. 正转接触器的常开触头和反转接触器的常闭触头联锁

4. 接触器衔铁振动或噪声过大的原因有（　　）。

A. 短路环损坏或脱落　　B. 衔铁歪斜或铁心端面有锈蚀油污

C. 电源电压偏低　　D. 以上都是

5. 三相异步电动机的正反转控制关键是改变（　　）。

A. 电源电压　　B. 电源相序

C. 电源电流　　D. 负载大小

6. 正反转控制电路，在实际工作中最常用、最可靠的是（　　）。

A. 到顺开关　　B. 接触器联锁

C. 按钮联锁　　D. 按钮、接触器双重联锁

7. 按复合按钮时，（　　）。

A. 常开先闭合，常闭后断开　　B. 常闭先断开，常开后闭合

C. 常开、常闭同时动作　　D. 常闭动作，常开不动作

8. 在操作按钮联锁或按钮、接触器双重联锁的正反转控制电路中，要使电动机从正转改为反转，正确的操作方法是（　　）。

A. 可直接按下反转起动按钮

B. 可直接按下正转起动按钮

C. 必须先按下停止按钮，再按下反转起动按钮

D. 必须先按下停止按钮，再按下正转起动按钮

二、判断题

（　　）1. 在接触器联锁的正反转控制电路中，正反接触器有时可以同时闭合。

（　　）2. 为了保证三相异步电动机实现反转，正反接触器的主触头必须按相同的顺序并联后串联到主电路中。

（　　）3. 接触器、按钮双重联锁正反转控制电路的优点是工作安全可靠，操作方便。

（　　）4. 在接触器正反转的控制电路中，若正转接触器和反转接触器同时通电会发生两相电源短路。

项目 6 三相异步电动机自动往返控制电路的安装与检修

知识目标

1. 掌握行程开关的作用、结构、选择方法、图形文字符号。

2. 正确识读三相异步电动机自动往返控制电路的电路图、接线图和布局图。

3. 正确理解三相异步电动机自动往返控制电路的工作原理。

技能目标

1. 会检查行程开关。

2. 能按照工艺要求正确安装三相异步电动机自动往返控制电路。

3. 会用电阻法检查三相异步电动机自动往返控制电路。

4. 能根据通电检查的要求，规范地进行电路通电测试。

5. 能根据故障现象，检修三相异步电动自动往返控制电路。

情感目标

1. 有从事维修低压电工岗位的安全工作意识。

2. 能养成遵守工作时间及能按时完成工作任务的习惯。

3. 能与同事交流和合作，能正确处理与领导的关系。

规范标准

1. 《电气图常用图形符号》(GB 4728—85)。

2. 《机床电气设备通用技术条件》(GB 5226—85)。

3. 《电气技术中的文字符号制定通则》(GB 7159—87)。

4. 《电气制图》(GB 6988—86)。

5. 《电气技术中的项目代号》(GB 5094—85)。

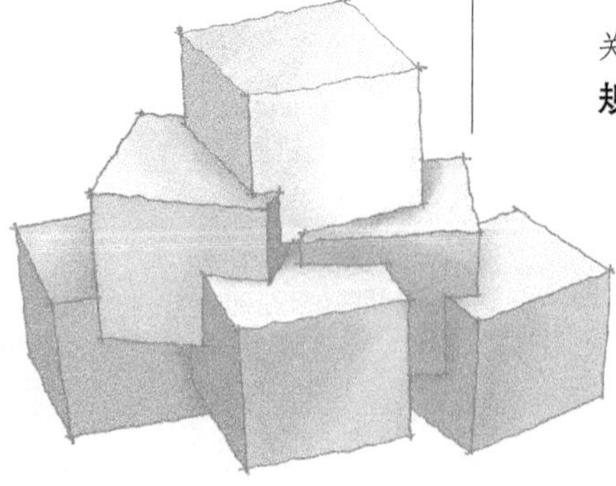

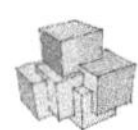

任务6.1　自动往返控制电路的功能

6.1.1　相关知识：自动往返控制电路的应用、组成及其控制功能

1. 自动往返控制在机床上的应用

在生产实际中，如 B2012A 刨床工作台要求在一定行程内自动往返循环运动，X62W 铣床工作台在纵向进给中自动循环工作，以便实现对工件的连续加工，提高生产效率。这就需要电气控制线路能对电动机实现自动换接正反转控制。而这种利用机械运动触碰行程开关实现电动机自动换接正反转控制的电路，就是电动机自动循环控制电路。

2. 自动往返控制电路的组成及控制顺序

三相异步电动机自动往返控制电路由组合开关、熔断器、按钮、热继电器、位置开关和交流接触器，用导线连接而成，如图 6-1 所示。

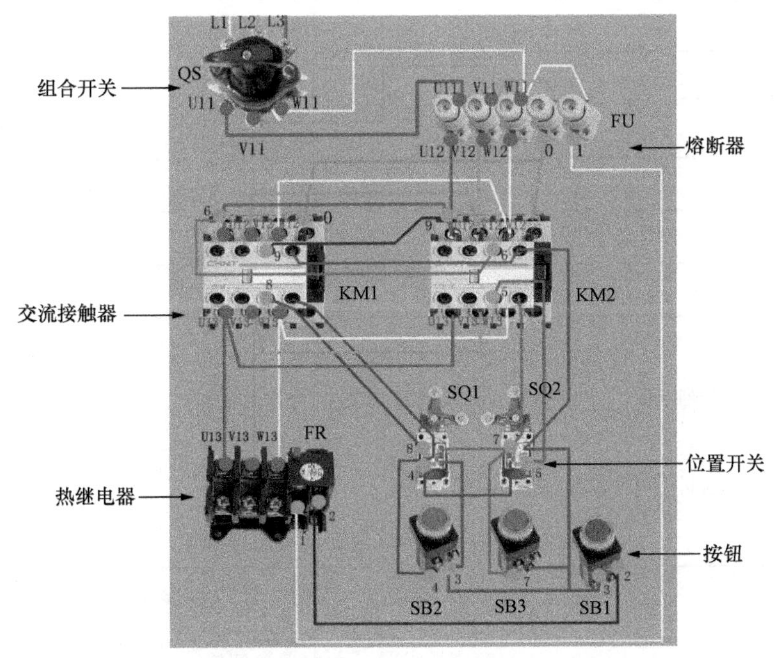

图 6-1　三相异步电动机自动往返控制电路

电动机正转的控制顺序是：合上组合开关→按下按钮 SB2→交流接触器 KM1 动作→电动机通电正转→碰撞 SQ1→KM1 先断电恢复原来状态，KM2 后通电动作→电动机反转→碰撞 SQ2→KM2 先断电恢复原来状态，KM1 后通电动作→电动机正转；

按下 SB1→电动机断电停止→断开组合开关。

电动机反转的控制顺序是：合上组合开关→按下按钮 SB3→交流接触器 KM2 动作→电动机通电反转→碰撞 SQ2→KM2 先断电恢复原来状态，KM1 后通电动作→电动机正转→碰撞 SQ1→KM1 先断电恢复原来状态，KM2 后通电动作→电动机反转；

按下 SB1→电动机断电停止→断开组合开关。

6.1.2 实践训练：电动机自动往返控制

填写电动机自动往返控制顺序表（表 6-1）。

表 6-1 电动机自动往返控制顺序表

步骤	正转控制	反转控制
第一步		
第二步		
第三步		
第四步		
第五步		
第六步		
第七步		
第八步		
第九步		
第十步		

6.1.3 学习测评：自动往返电路控制功能测评

任务 6.1 的测评考核，见表 6-2。

表 6-2 自动往返电路控制功能测评考核

<table>
<tr><th rowspan="2">名称</th><th rowspan="2">要求</th><th colspan="2">测评考核</th><th rowspan="2">备注</th></tr>
<tr><th>自测值</th><th>互测值</th></tr>
<tr><td>正转控制</td><td>步骤齐全，语句通顺、简练</td><td></td><td></td><td></td></tr>
<tr><td>反转控制</td><td>步骤齐全，语句通顺、简练</td><td></td><td></td><td></td></tr>
</table>

任务6.2　自动往返控制电路常用元器件的认知

6.2.1　相关知识：行程开关的作用、符号、型号含义及其选用与检查

行程开关

（1）行程开关的作用

行程开关是一种利用生产机械某些运动部件的碰撞来发出控制指令的主令电器。主要用于控制生产机械的运动方向、速度、行程大小或位置，是一种自动控制电器。常见类型如图6-2所示。

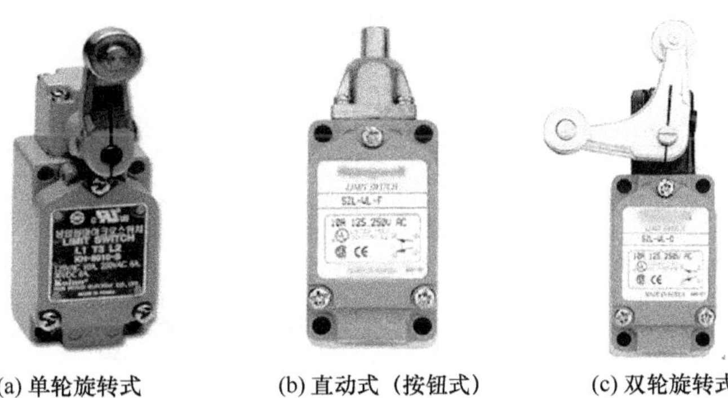

(a) 单轮旋转式　(b) 直动式（按钮式）　(c) 双轮旋转式

图6-2　行程开关外形图

（2）行程开关的结构与图形文字符号

行程开关的结构，如图6-3（a）所示。

行程开关的文字符号是SQ，图形符号如图6-3（b）所示。

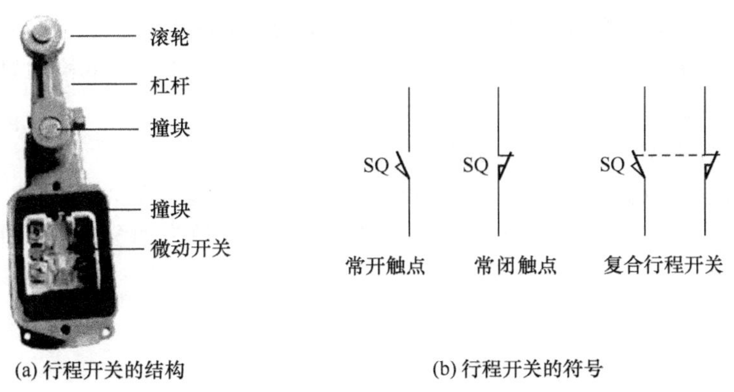

(a) 行程开关的结构　(b) 行程开关的符号

图6-3　行程开关结构与图形文字符号

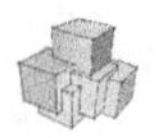

（3）行程开关的型号及含义

常见的行程开关有两种系列，即 LX19 系列和 JLXK1 系列。

LX19 系列行程开关的型号及含义，如图 6-4 所示。

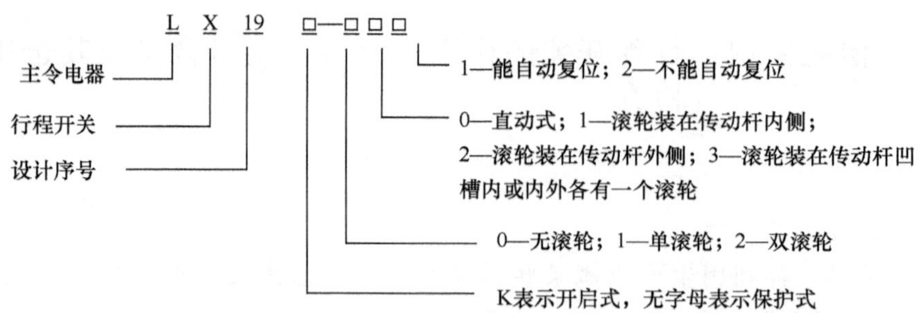

图 6-4 LX19 系列行程开关的型号及含义

JLXK1 系列行程开关的型号及含义，如图 6-5 所示。

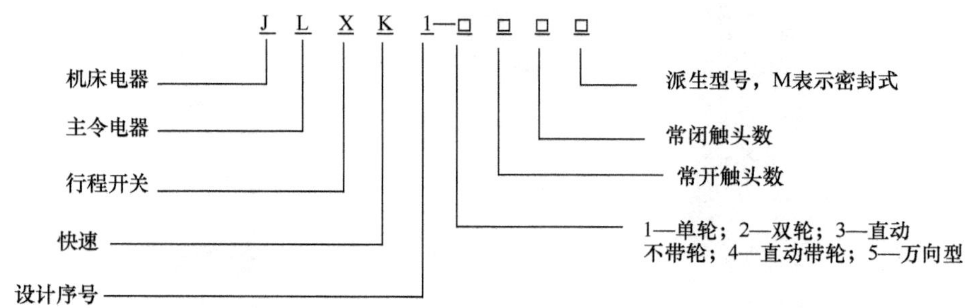

图 6-5 JLXK1 系列行程开关的型号及含义

（4）行程开关的选用

行程开关的主要参数有型式、工作行程、额定电压及触头的电流容量，在产品说明书中都有详细说明。主要根据动作要求、安装位置及触头数量选择。

（5）行程开关的检查

第一步，用观察法查看行程开关的外观结构，结构齐全为好。

第二步，用万用表检查常闭触头和常开触头的质量，符合以下检测要求为好。

常闭触头检查：

① 万用表置于 Ω—×1 挡，调零。

② 红黑表笔分别置于触头的两个端时，万用表显示趋近于 0。

③ 用外力将触头断开时，万用表指针回到∞；将触头回复时，万用表指针趋近于 0。

常开触头检查：

① 万用表置于 Ω—×1 挡，调零。

② 红黑表笔分别置于触头的两个端时，万用表显示∞。

③ 用外力将触头闭合时，万用表指针趋近于 0；将触头回复时，万用表指针再显示∞。

6.2.2 实践训练：填写行程开关符号并对其进行检查

根据表 6-3 的要求，填写行程开关的文字符号和图形符号，完成对行程开关的检查，并简述关于行程开关的问题。

表 6-3 行程开关任务表

元器件	文字符号	元件检查 （检查为“好”，请在相应括号内打“√”； 检查为“不好”，请向老师说明并更换）	回答问题	图形符号
行程开关		常闭触头（ ）	1. 作用	
		常开触头（ ）	2. 参数	

6.2.3 学习测评：行程开关应用技能测评

任务 6.2 的测评考核见表 6-4。

表 6-4 行程开关应用技能测评考核

元器件	要求	测评考核		备注
		自测值	互测值	
文字符号	正确、快速			
图形符号	正确、快速			
回答问题	正确、快速			
元件检查	正确、快速			

任务 6.3 识读自动往返控制电路的电路图

6.3.1 相关知识：自动往返控制电路的电路图及其工作原理

1. 自动往返控制电路的电路图

自动往返控制电路的电路图，如图 6-6 所示。

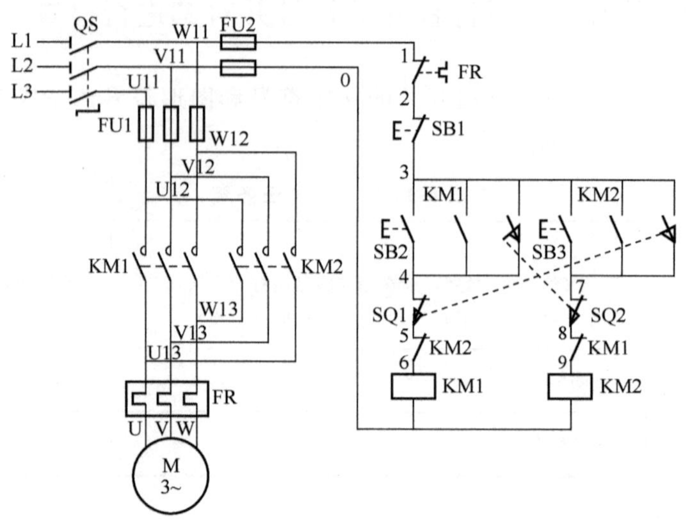

图 6-6 自动往返控制电路的电路图

2. 自动往返控制电路的工作原理

(1) 先合上电源开关 QS

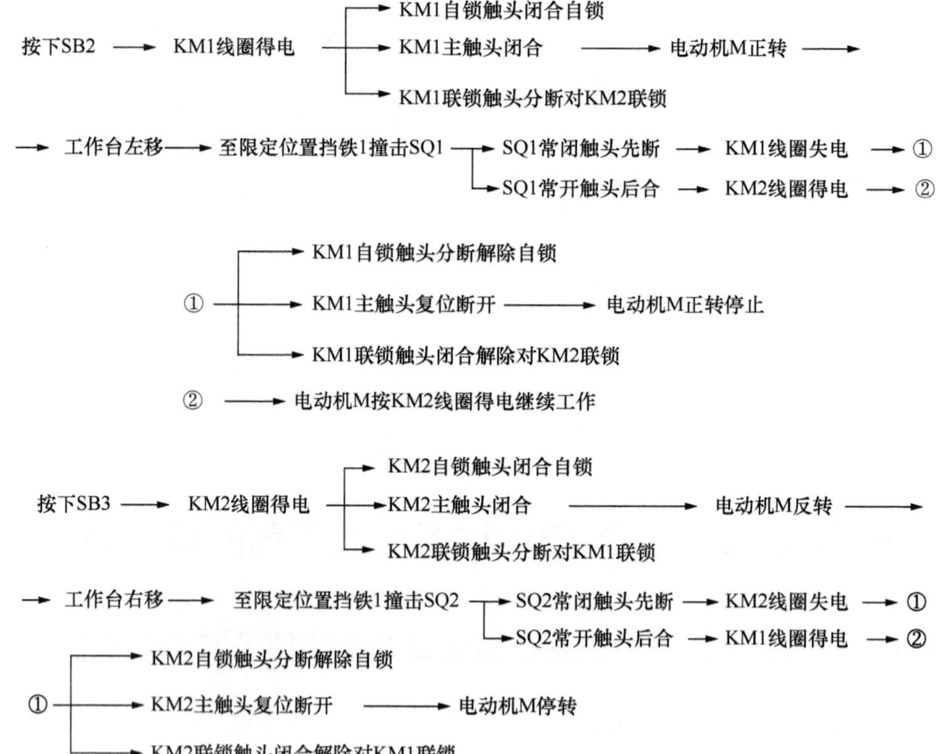

② ——→ 电动机M按KM1线圈得电继续工作

在按下SB3(SB2)后，按下SB1 ——→ 整个控制电路失电 ——→ KM1(或KM2)主触头分断 ——→

——→ 电动机M失电停转

(2) 电路的保护功能

① 短路保护：熔断器 FU1、FU2 分别用于主电路、控制电路的短路保护。

② 欠电压保护、失电压保护：接触器 KM 的线圈兼有欠电压保护、失电压保护。

③ 过载保护：热继电器 FR 保护电动机过载。

6.3.2 实践训练：绘制自动往返控制电路的电路图并简述其工作原理和保护功能

按照表 6-5 的要求，画出自动往返控制电路的电路图，简述电路的工作原理和保护功能。

表 6-5　画出电路的电路图，简述电路的工作原理和保护功能

画电路图	
简述三相异步电动机反转的方法	
简述电路的工作原理	
简述电路的保护功能	

6.3.3 学习测评：自动往返控制电路的电路图绘制测评

任务 6.3 的测评考核见表 6-6。

表 6-6 自动往返控制电路电路图测评考核

名称	要求	测评考核		备注
		自测值	互测值	
画图	准确、工整			
工作原理	内容正确，表达清晰，语句通顺、简练			
保护功能				

任务6.4 自动往返控制电路的安装和检查

6.4.1 相关知识：电气控制线路的安装、检查及通电试车认知

1. 电气控制线路安装工艺要求

参照任务 2.4 的工艺要求安装本电路。

2. 电气控制线路的检查方法

断开 QS，按正反转控制电路的步骤、方法检查主电路；拆开电动机接线，按辅助触头联锁正反转控制电路的步骤、方法检查控制电路的正反向起动控制作用、自保及联锁作用。以上各项无误接着做下述检查。

1）检查正向行程控制：按下 SB2 不放开，应测得 KM1 线圈电阻值，再轻轻按下 SQ1 的滚轮，使其常闭触头分断，万用表应显示电路由通而断；将 SQ1 的滚轮按到底，应测得 KM2 线圈电阻值。

2）检查反向行程控制：按下 SB3 不放开，应测得 KM2 线圈电阻值，再轻轻按下 SQ2 的滚轮，使其常闭触头分断，万用表应显示电路由通而断；将 SQ2 的滚轮按到底，应测得 KM1 线圈电阻值。

3）同时按下 SQ1 和 SQ2 的滚轮，测量结果应为断路。

3. 通电试车

(1) 通电试车注意事项

① 为保证人身安全，在通电试车时，要认真执行安全操作规程的有关规定，一人监护，一人操作。试车前，应检查与通电试车有关的电气设备是否有不安全的因素存在，若查出应立即整改，然后方能试车。

② 通电试车前，必须征得教师的同意，并由指导教师接通三相电源 L1、L2、L3，同时在现场监护。学生合上电源开关 QS 后，用测电笔检查熔断器出线端，氖管亮说明电源接通。上述检查一切正常后，做好准备工作，在指导老师监护下试车。

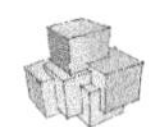

(2) 通电试车

通电试车如图 6-7 所示，按下列步骤依次进行操作。

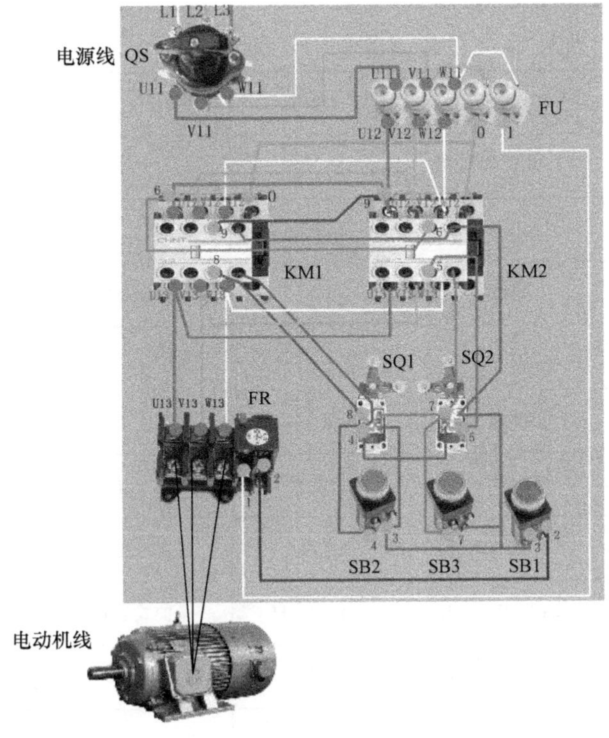

图 6-7　通电试车

① 接线顺序：先接电动机线，后接电源线。

② 通电顺序：(右手操作) 先合组合开关 QS，后按 SB 起动电动机。

③ 断电顺序：(右手操作) 先按 SB 断开电动机，后断组合开关 QS。

④ 拆线顺序：先拆电源线后拆电动机线。

6.4.2　实践训练：自动往返控制电路的安装和检查

自动往返控制电路的安装和检查要求：

1) 正确绘制元件布置图和接线图。

2) 组合开关、熔断器、按钮、接触器、热继电器、行程开关安装要正确、牢固。

3) 按照硬线布线工艺要求安装布线。

4) 通电试车时要严格遵守安全规程。

仪表、工具、耗材和器材准备，见表 6-7。

表 6-7　仪表、工具、耗材和器材准备

工具	测电笔、尖嘴钳、剥线钳、螺钉旋具、电工刀等				
仪表	MF47 型万用表				
器材	代号	名称	型号	规格	数量
		三相四线电源		～3×380V	1
	M	三相电动机	Y112M-4	4kW、380V、8.8A、△接法	1
		配线板		500mm×400mm×20mm	1
	QS	组合开关	HZ2-50/3	380V、50A	1
	FU1	熔断器 FU1	RL1-60/25	380V、60A、配熔体 25A	3
	FU2	熔断器 FU2	RL1-15/2	380V、15A、配熔体 2A	2
	KM	接触器 KM	CJ10-10	10A、线圈电压 380V	2
	SB	按钮 SB1～SB3	LA4-3H	保护式、按钮数 3	1
	FR	热继电器 FR	JR20	380V、20A	1
	SQ	行程开关 SQ	LX19	380V、5A	2
	XT	接线端子排	TD-AZ1	600V、20A	1
		主电路导线		BVR1.5mm^2 和 BV1.5mm^2	若干
		控制电路导线		BV1.0mm^2	若干
		按钮塑料铜线		BVR0.75mm^2	若干
		接地线		BVR1.5mm^2（黄绿双色）	若干
		木螺钉		ϕ5×30mm	若干

6.4.3　学习测评：自动往返控制电路的安装和检查测评

任务 6.4 的测评考核见表 6-8。

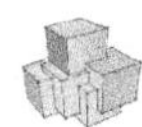

表 6-8　三相异步电动机自动往返控制电路的安装和检查测评考核

项目内容	配分	评分标准	个人评价（30%）	学生互评（30%）	教师评分（40%）
画布局图	10 分				
画接线图	10 分				
安装元件	20 分	1）不按布置图安装　扣 20 分 2）元器件安装不牢固　每个扣 5 分 3）元器件安装不整齐、不匀称、不合理　每个扣 6 分 4）损坏元器件　扣 20 分			
布线	20 分	1）不按接线图接线　扣 20 分 2）走线没有做到横平竖直　每根扣 3 分 3）接点松动、露铜过长、压绝缘层、反圈等　每个扣 1 分 4）损伤导线绝缘层或线芯　每根扣 15 分			
通电前检查	10 分	不会使用仪表及测量方法不正确　扣 10 分			
通电检查	30 分	1）不会使用仪表及测量方法不正确　扣 5 分 2）各接点松动或不符合要求　每个扣 5 分 3）接线错误造成通电一次不成功　扣 10 分 4）控制开关进、出线接错　扣 15 分 5）电动机接线错误　扣 20 分 6）接线程序错误　扣 15 分 7）漏接接地线　扣 20 分			

开始时间		结束时间		实际时间	
定额时间：180min		每超时 10min 及以内，扣 5 分		总评分数	
安全文明生产	违反安全文明生产规程　扣 5～40 分				
备注	除定额时间外，各项目的最高扣分不应超过配分数				

任务6.5 自动往返控制电路常见故障的处理

6.5.1 相关知识：行程开关和线路的常见故障及处理方法

1. 行程开关的常见故障及处理方法

行程开关的常见故障及处理方法，如表6-9所示。

表6-9 行程开关的常见故障及处理方法

故障现象	原因分析	处理方法
挡铁碰撞行程开关后，触头不动作	1）安装位置不准确 2）触头接触不良或连线松脱 3）触头弹簧失效	1）调节安装位置 2）清洗触头或紧固连线 3）更换弹簧
杠杆已经偏转或无外界机械力作用，但触头不复位	1）复位弹簧失效 2）内部撞铁卡阻 3）调节螺钉太长，顶住开关按钮	1）更换弹簧 2）清扫内部杂物 3）检查调节螺钉

2. 线路常见的故障及处理方法

线路常见故障与双重联锁正反转线路类似。限位控制部分故障主要有挡铁、行程开关的固定螺丝松动造成动作失灵等，见表6-10。

表6-10 线路的常见故障及处理方法

故障现象	原因分析	检查方法
挡铁碰到SQ1后电动机不能停止	行程开关SQ1不动作。原因多为行程开关未压合，行程开关固定螺钉松动，行程开关被撞坏，杂质进入开关内部，使机械部分卡住	1）检查外观行程开关固定螺钉是否松动；按压并放开行程开关，查看行程开关机构动作是否失灵 2）断开电源，用万用表的电阻挡，分别检查SQ1常开触头、常闭触头的通断情况
挡铁碰到SQ1，电动机正转停止，进入反转，工作台向相反方向移动；挡铁碰到SQ2，电动机反转停止，但不能重新进入正转。	1）行程开关SQ1不复位。原因多为运动部件或撞块超行程太多，机械失灵，杂质进入开关内部，使机械部分卡住，开关复位弹簧失效，弹力不足使触点不能复位闭合等原因造成的 2）触点表面不清洁，有油垢	1）检查外观，是否因为运动部件或撞块超行程太多，造成机械损坏 2）断开电源，打开行程开关检查触点表面是否清洁 3）断开电源，用万用表的电阻挡，分别检查SQ1常开触头、常闭触头的通断情况

6.5.2 实践训练：在规定时间内排除电路故障

在15min内，排除3个电路故障。

要求：

1）正确使用仪表。

2）排除故障过程中不影响电路原有工艺，不能增加新的故障。

6.5.3　学习测评：自动往返控制电路的故障排除技能测评

任务 6.5 的测评考核，见表 6-11。

表 6-11　排除故障评分表

项目内容	评分标准（配分 20 分）			个人评价（30%）	学生互评（30%）	教师评分（40%）
短路、新故障	出现短路、出现新故障　扣 20 分					
安全文明生产	违反安全文明生产规程　扣 5～20 分					
定额时间：15min	超过 15min　扣 20 分					
规定时间内	每少排除一个故障　扣 5 分					
开始时间		结束时间		实际时间		

理论试题精选

一、选择题

1. 生产机械的位置控制是利用生产机械运动部件上的挡块与（　　）的相互作用而实现的。

A. 位置开关　　B. 挡位开关　　C. 转换开关　　D. 联锁按钮

2. 下列型号属于主令电器的是（　　）。

A. CJI0-40/3　　B. RL1-15/2

C. JLXK1-211　　D. DZ10-100/330

3. 行程开关是一种将（　　）转换为电信号的自动控制电器。

A. 机械信号　　B. 弱电信号　　C. 光信号　　D. 热能信号

4. 工厂车间的行车需要位置控制，行车两头的终点处各安装一个位置开关，这两个位置开关要分别（　　）在正转和反转控制电路中。

A. 串联　　B. 并联　　C. 混联　　D. 短接

5. 自动往返控制电路需要对电动机实现自动转换的（　　）控制才能达到要求。

A. 自锁　　B. 点动　　C. 联锁　　D. 正、反转

6. 晶体管无触点开关的应用范围比普通位置开关更（　　）。

A. 窄　　B. 广　　C. 接近　　D. 极小

7. 完成工作台自动往返行程控制要求的主要电器元件是（　　）。

A. 行程开关　　B. 接触器　　C. 按钮　　D. 组合开关

8. 自动往返控制电路属于（　　）电路。

A. 正、反控制　　B. 点动控制

C. 自锁控制　　D. 顺序控制

9. 检测各种金属，应选用（　　）型的接近开关。

A. 超声波　　B. 永磁型及磁敏元件

C. 高频振荡　　D. 光电

二、判断题

（　　）1. 行程开关是一种将机械信号转换为电信号，以控制运动部件的位置和行程的自动电器。

（　　）2. 实现工作台自动往返行程控制要求的主要电气元件是行程开关。

（　　）3. 接近开关的功能：除行程控制和限位保护外，还可检测金属的存在、高速计数、测速、定位、变换运动方向、检测零件尺寸、液面控制及用做无触点按钮等。

（　　）4. 接近开关是晶体管无接触点开关。

（　　）5. 限位开关主要用于电源的引入。

项目7 三相异步电动机Y-△降压起动控制电路的安装与检修

知识目标

1. 掌握时间继电器的作用、基本结构、工作原理、型号含义及图形文字符号。

2. 正确识读三相异步电动机Y-△降压起动控制电路的电路图。

3. 正确理解三相异步电动机Y-△降压起动控制电路的工作原理。

能力目标

1. 会检查时间继电器。

2. 能根据三相异步电动机Y-△降压起动控制电路的电路图画出其布局图和接线图。

3. 能按照工艺要求正确安装三相异步电动机Y-△降压起动控制电路。

4. 会用电阻法检查三相异步电动机Y-△降压起动控制电路。

5. 会根据通电检查的要求，规范地进行电路通电测试。

6. 能根据故障现象，检修三相异步电动Y-△降压起动控制电路。

情感目标

1. 有从事维修低压电工岗位的安全工作意识。

2. 能养成遵守工作时间及能按时完成工作任务的习惯。

3. 能与同事交流和合作，能正确处理与领导的关系。

规范标准

1. 《电气图常用图形符号》(GB 4728—85)。

2. 《机床电气设备通用技术条件》(GB 5226—85)。

3. 《电气技术中的文字符号制定通则》(GB 7159—87)。

4. 《电气制图》(GB 6988—86)。

5. 《电气技术中的项目代号》(GB 5094—85)。

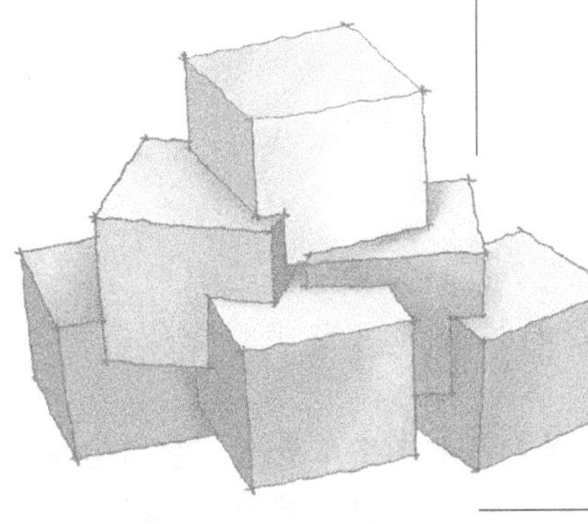

电动机在起动时，加在电动机绕组上的电压为电动机的额定电压，这种电动机的起动方式称为全压起动（也称为直接起动）。全压起动时，起动电流一般为电动机额定电流的4～7倍。

当电源变压器容量不够大，而电动机功率较大的情况下，全压起动将导致电源变压器输出电压下降，会减小电动机起动转矩，并影响同一供电线路中其他电气设备正常工作。因此，较大功率电动机起动时，需要采用软起动。现代软起动的方法很多，本课程主要学习其中的电动机Y-△降压起动控制电路。

任务7.1 相关元器件认知

7.1.1 相关知识：时间继电器的作用、符号、型号含义及选用

时间继电器：在得到动作信号后，能按照一定的时间要求控制触头动作的继电器，称为时间继电器。常用的时间继电器的外形，如图7-1所示。

(a) 晶体管式

(b) 空气阻尼式

图7-1 时间继电器的外形

1. 时间继电器的作用

时间继电器的作用是延时通、断控制。

2. 时间继电器的图形文字符号

时间继电器的文字符号是KT，图形符号如图7-2所示。

下面介绍两类常用的时间继电器。

(1) JS20系列晶体管式时间继电器

① 结构。JS20系列晶体管式时间继电器的外形如图7-1（a）所示，它具有保护外壳，其内部结构采用印刷电路组件。JS20系列通电延时型时间继电器的电路图，如图7-3所示。

② 工作原理。JS20系列晶体管式时间继电器的电路图，如图7-3所示。它由电源、电容充放电电路、电压鉴别电路、输出电路和指示电路5部分组成。电源接通后，经

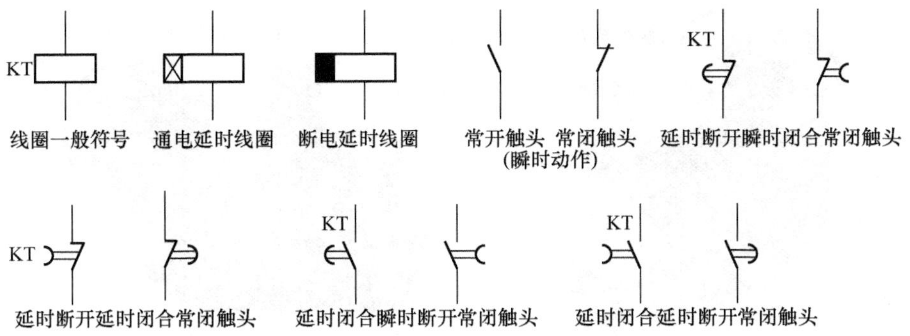

图 7-2　时间继电器的图形符号

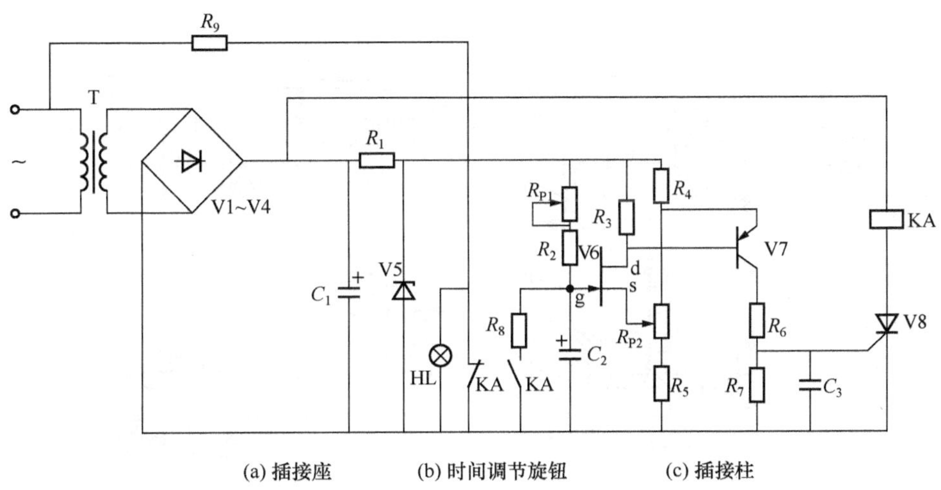

图 7-3　JS20 系列通电延时型时间继电器的电路图

整流滤波和稳压后的直流电，经过 R_{P1} 和 R_2 向电容 C_2 充电。当 C_2 的充电电压达到满足 U_g 高于 U_p 时，VF 导通，VT、VTH 也导通，继电器 KA 吸合，输出延时信号。调节 R_{P1} 和 R_{P2} 即可调整延时时间。

(2) JS7—A 系列空气阻尼式时间继电器

① 结构空气阻尼式时间继电器又称为气囊式时间继电器。JS7—A 系列空气阻尼式时间继电器主要由电磁系统、延时机构和触头系统 3 部分组成，电磁系统为直动式双 E 形电磁铁，延时机构采用气囊式阻尼器，触头系统是借用 LX5 型微动开关，包括两对瞬时触头（1 常开 1 常闭）和两对延时触头（1 常开 1 常闭），如图 7-4 所示。

② 工作原理。JS7—A 系列空气阻尼式时间继电器分为通电延时型和断电延时型两种，结构原理如图 7-5 所示。其中（a）是通电延时型时间继电器，当电磁系统的线圈通电时，微动开关 SQ2 的触头瞬时动作，而 SQ1 的触头由于气囊中空气阻尼的作用，在延时的时间达到时动作；当线圈断电时，微动开关 SQ1 和 SQ2 的触头均瞬时复位。

JS7—A 系列空气阻尼式时间继电器是利用气囊中的空气通过小孔节流的原理来获得延时动作的，其结构原理示意图如图 7-6 所示。

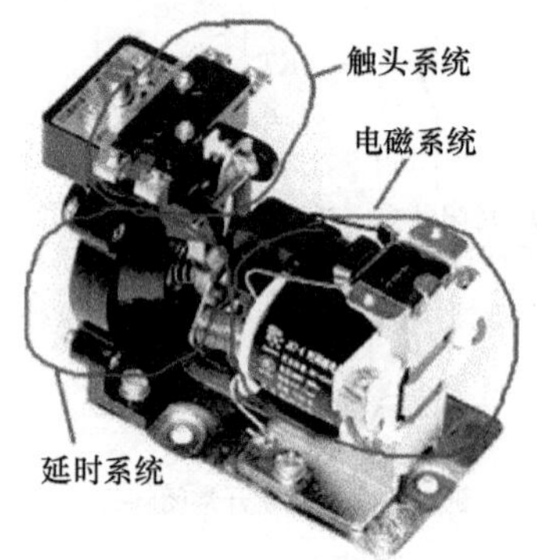

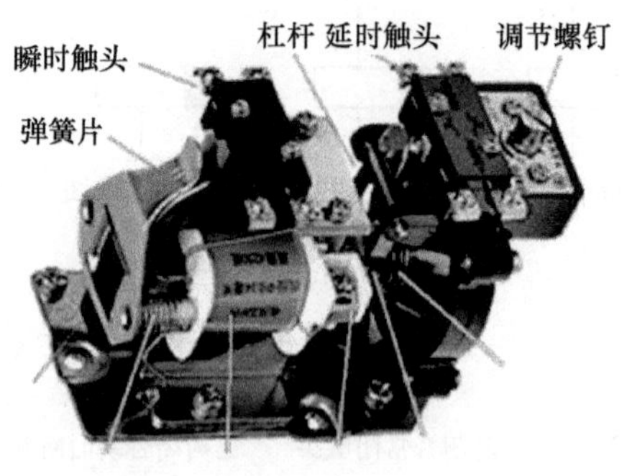

图 7-4 JS7—A 系列空气阻尼式时间继电器

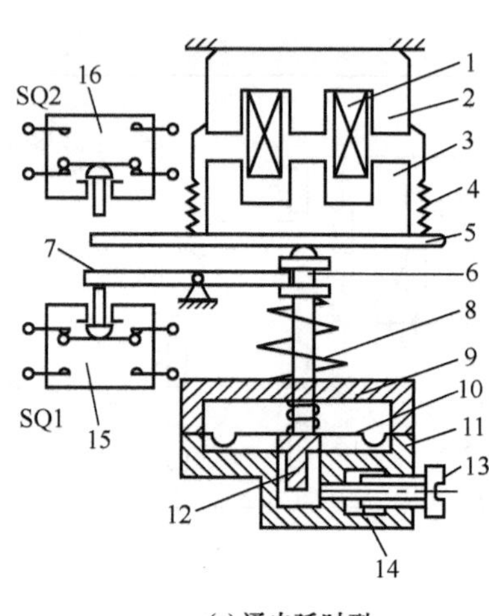

(a) 通电延时型

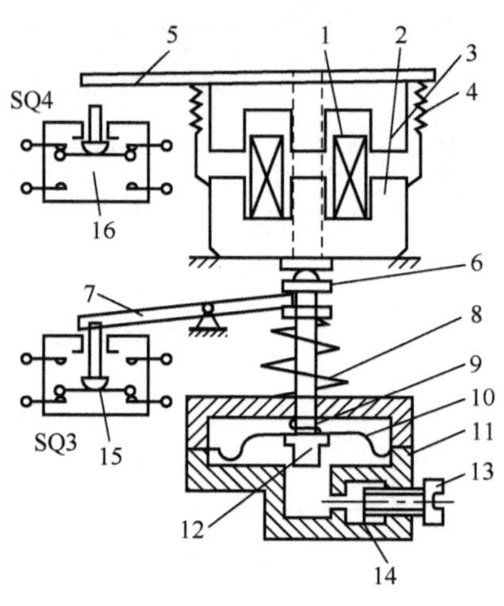

(b) 断电延时型

图 7-5 JS7—A 型时间继电器的结构原理

1—线圈；2—铁心；3—衔铁；4—反力弹簧；5—推板；6—活塞杆；7—杠杆；8—塔形弹簧；9—弱弹簧；10—橡胶膜；11—空气室；12—活塞；13—调节螺钉；14—进气孔；15、16—微动开关

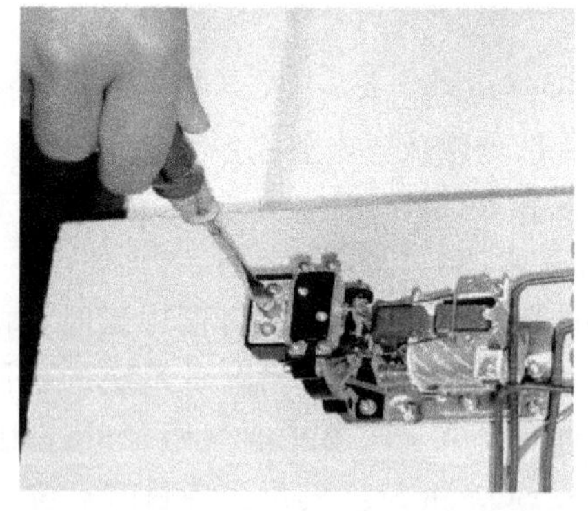

图 7-6 JS7—A 系列空气阻尼式时间继电器延时时间的整定

③ 延时时间的整定。JS7—A 系列空气阻尼式时间继电器延时时间的整定，如图 7-6 所示。延时时间的快慢，通过旋动调节螺钉 13 进行调节，延时范围有 0.4～60s 和 0.4～180s 两种。

3. 时间继电器的型号及含义

时间继电器的型号及含义，如图 7-7 所示。

4. 时间继电器的选用

1）根据系统的延时范围和精度选择时间继电器的类型和系列。

2）根据控制电路的要求选择时间继电器的延时方式（通电延时或断电延时）。

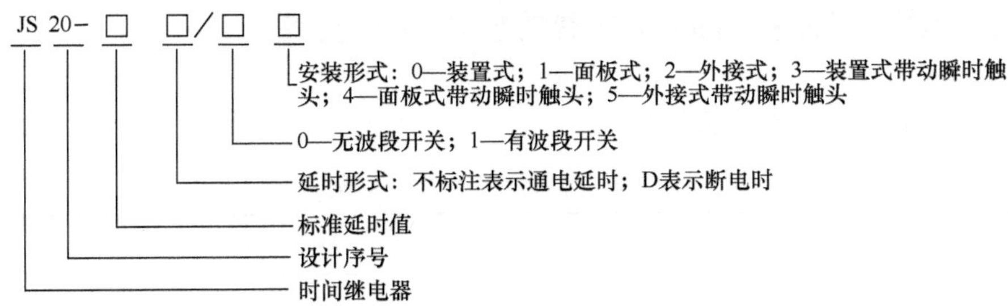

图7-7　时间继电器的型号及含义

3）根据控制电路电压选择时间继电器吸引线圈的电压。

5. 时间继电器的检查（空气阻尼式）

第一步，采用观察法查看时间继电器的外观结构，结构齐全为好。

第二步，使用万用表检查常闭触头、常开触头和线圈的质量，保证其符合以下检测要求。

常闭触头检查：

① 万用表置于Ω—×1挡，调零。

② 红黑表笔分别置于触头的两个端时，万用表显示趋近于0。

③ 用外力将触头断开时，万用表指针回到∞；将触头回复时，万用表指针趋近于0。

常开触头检查：

① 万用表置于Ω—×1挡，调零。

② 红黑表笔分别置于触头的两个端时，万用表显示∞。

线圈检查：

① 万用表置于Ω—×100挡，调零。

② 红黑表笔分别置于线圈的两个端时，万用表显示1600Ω左右。

③ 红黑表笔从线圈的两个端移开时，万用表指针回到∞。

7.1.2　实践训练：填写时间继电器的符号并对其进行检查

根据表7-1的要求，填写时间继电器的文字符号和图形符号，完成对时间继电器的检查，并简述关于时间继电器的问题。

表7-1　时间继电器任务表

元器件	文字符号	元件检查 （检查为“好”，请在相应括号内打“√”； 检查为“不好”，请向老师说明并更换）	回答问题	图形符号
时间继电器		常闭触头（　　）	1. 作用	
		常开触头（　　）	2. 参数	
		线圈（　　）	3. 时间整定	

7.1.3 学习测评：时间继电器的应用技能测评

任务 7.1 的测评考核见表 7-2。

表 7-2 时间继电器测评考核

元器件	要求	测评考核		备注
		自测值	互测值	
文字符号	正确、快速			
图形符号	正确、快速			
回答问题	正确、快速			
元件检查	正确、快速			

任务7.2 识读Y-△降压起动控制电路的电路图

7.2.1 相关知识：Y-△降压起动控制电路的电路图及其工作原理

Y-△降压起动是指电动机起动时，把定子绕组接成 Y 形，以降低起动电压，限制起动电流。待电动机起动后，再将定子绕组改成△连接，使电动机全压运行。图 7-8 是三相定子绕组 Y/△接线图。

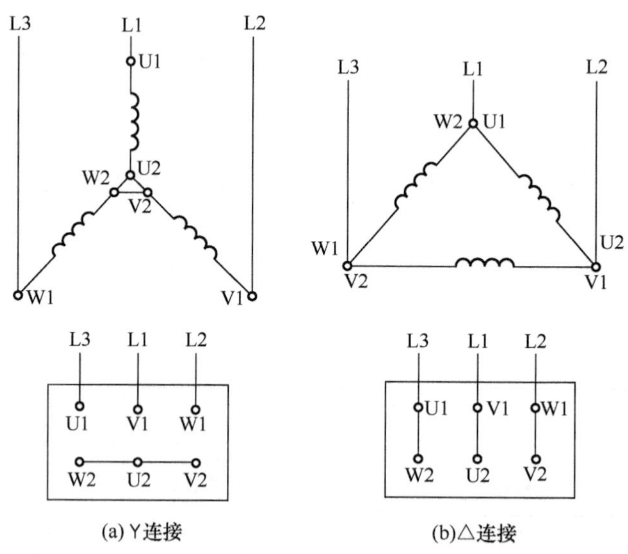

(a) Y连接　　(b)△连接

图 7-8 三相定子绕组 Y/△连接图

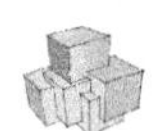

1. 电动机 Y-△降压起动控制电路的电路图

电动机 Y-△降压起动控制电路由组合开关、熔断器、按钮、热继电器、时间继电器和交流接触器，用导线连接而成。其电路图如图 7-9 所示。

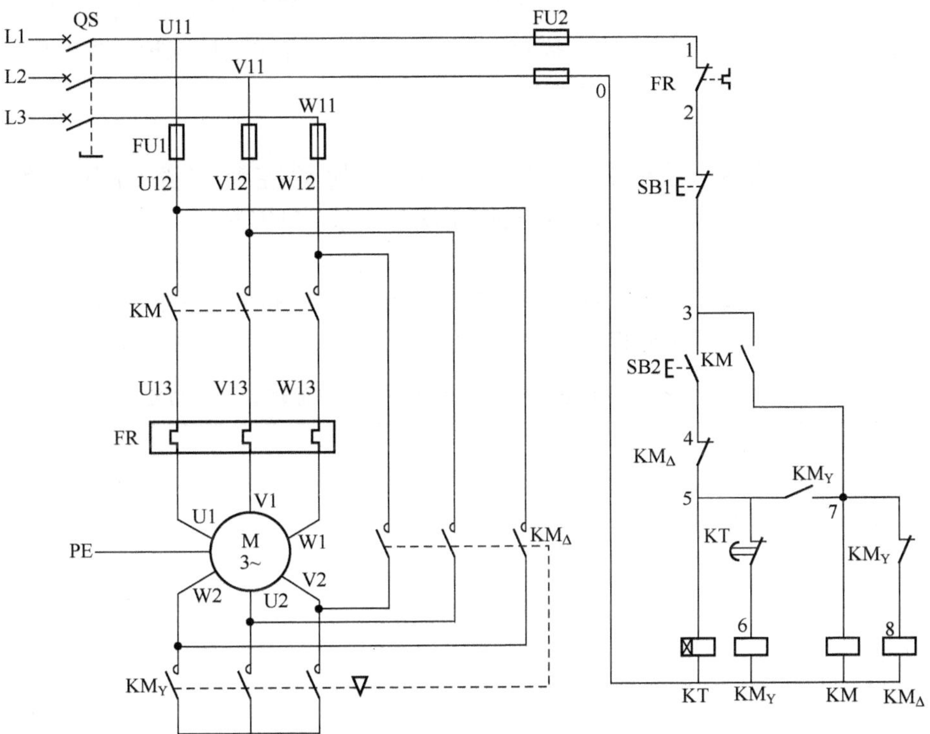

图 7-9　电动机 Y-△降压起动控制电路的电路图

2. 电动机 Y-△降压起动控制电路的工作原理

先合上电源开关 QS

(1) 减压起动

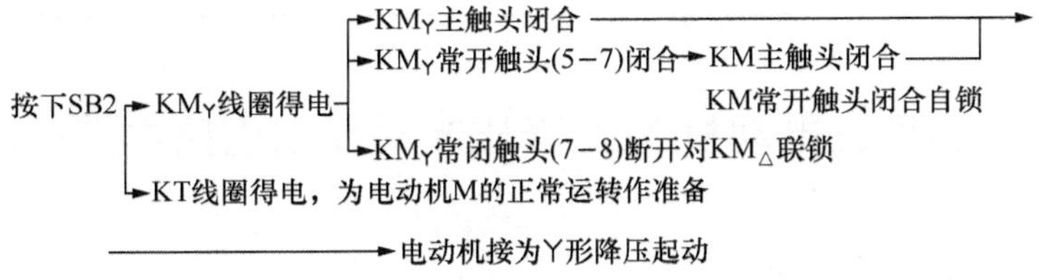

(2) 全压运转

当M转速上升到一定值时KT延时结束→KT常闭触头(5－6)断开→

→KMY线圈失电
- →KMY主触头断开→触除Y形连接
- →KMY辅助触头常开复位→触除自锁
- →KMY辅助常闭复位→触除联锁→

→KM△线圈得电
- →KM△主触头闭合→电动机接为△形全压运转
- →KM△常闭触头(4－5)断开对KMY联锁

按下 SB1→所有交流接触器、时间继电器的线圈断电→所有触头复位→电动机失电停转。

3. 电路的保护功能

① 短路保护：熔断器 FU1、FU2 分别用于主电路、控制电路的短路保护。

② 欠电压保护、失电压保护：接触器 KM 的线圈兼有欠电压保护、失电压保护。

③ 过载保护：热继电器 FR 保护电动机过载。

7.2.2 实践训练：绘制电动机 Y-△降压起动控制电路的电路图，并简述其工作原理和保护功能

按照表 7-3 的要求，画出电动机 Y-△降压起动控制电路的电路图，简述电动机 Y-△降压起动控制电路的工作原理和保护功能。

表 7-3 画出电路的电路图，简述电路的工作原理和保护功能

画电路图	
简述电路的工作原理	
简述电路的保护功能	

7.2.3 学习测评：电动机 Y-△降压起动控制电路电路图绘制测评

任务 7.2 的测评考核见表 7-4。

表 7-4 电动机 Y-△降压起动控制电路电路图测评考核

名称	要求	测评考核		备注
		自测值	互测值	
画图	准确、工整			
工作原理	内容正确，表达清晰，语句通顺、简练			
保护功能				

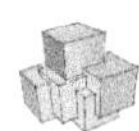

任务7.3　Y-△降压起动控制电路的安装和检查

7.3.1　相关知识：电气控制线路的安装、检查及通电试车认知

电动机Y-△降压起动控制电路的主电路的连接，如图7-10所示。

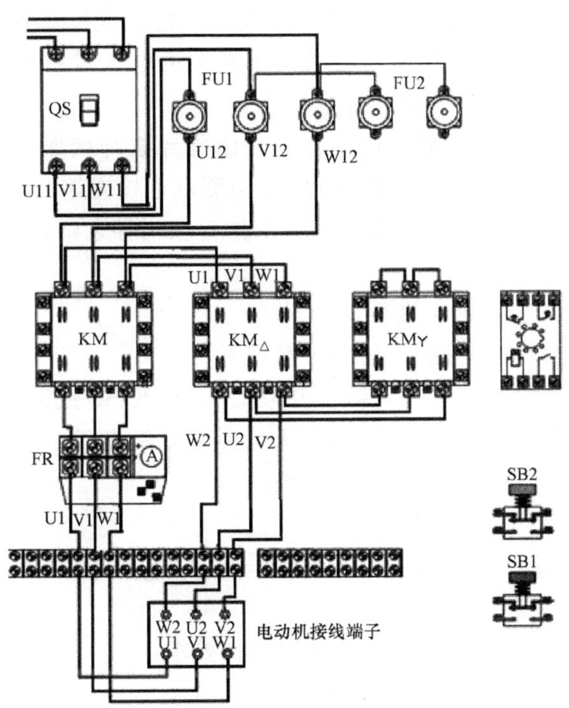

图7-10　主电路接线图

1. 电气控制线路安装工艺

参照任务2.4的工艺要求安装本电路。

2. 电阻法检查

（1）主电路检测

① 将万用表两支表笔跨接在QS下端子U11和端子排U1处，应测得断路，按下KM的触头架，万用表显示通路，重复V11—V1和W11—W2之间的检测。

② 将万用表两支表笔跨接在QF下端子U1和端子排W2处，应测得断路，按下KM△的触头架，万用表显示通路，重复V1—U2和W1—V2之间的检测。

③ 将万用表两支表笔跨接在端子排W2和U2之间，应测得断路，按下KM的触头架，万用表显示通路，重复W2—V2和U2—V2之间的检测。

（2）控制电路检测

① 将万用表两支表笔跨接在U11和V11之间，应测得断路，按下SB2不放，应测

得 KT 和 KM_Y 线圈并联后的电阻，同时按下 $KM_\triangle$ 的触头架，应测得断路，放开 $KM_\triangle$ 的触头架，按下 SB1，应测得断路。

② 放开 SB2，按下 KM 的触头架，同时轻按 KM_Y 的触头架，应测 KM 的线圈电阻；放开 KM_Y 的触头架，应测得 KM 和 $KM_\triangle$ 线圈电阻的并联值，按下 SB1，应测得断路。

3. 通电试车

(1) 通电试车注意事项

① 为保证人身安全，在通电试车时，要认真执行安全操作规程的有关规定，一人监护，一人操作。试车前，应检查与通电试车有关的电气设备是否有不安全的因素存在，若查出应立即整改，然后方能试车。

② 通电试车前，必须征得教师的同意，并由指导教师接通三相电源 L1、L2、L3，同时在现场监护。学生合上电源开关 QS 后，用测电笔检查熔断器出线端，氖管亮说明电源接通。上述检查一切正常后，做好准备工作，在指导老师监护下试车。

(2) 通电试车

通电试车应按下列步骤依次进行操作。

① 接线顺序：先接电动机线，后接电源线。

② 通电顺序：(右手操作) 先合组合开关 QS，后按 SB 起动电动机。

③ 断电顺序：(右手操作) 先按 SB 断开电动机，后断组合开关 QS。

④ 拆线顺序：先拆电源线后拆电动机线。

7.3.2 实践训练：电动机 Y-△降压起动电路控制的安装和检查

电动机 Y-△降压起动电路控制的安装和检查要求：

1) 正确绘制元件布置图和接线图。

2) 组合开关、熔断器、按钮、接触器、热继电器、时间继电器安装要正确、牢固。

3) 按照硬线布线工艺要求安装布线。

4) 通电试车时要严格遵守安全规程。

仪表、工具、耗材和器材准备，如表 7-5 所示。

表 7-5 仪表、工具、耗材和器材准备

工具	测电笔、尖嘴钳、剥线钳、螺钉旋具、电工刀等				
仪表	MF47 型万用表				
器材	代号	名称	型号	规格	数量
		三相四线电源		～3×380V	1
	M	三相电动机	Y112M-4	4kW、380V、8.8A、△接法	1
		配线板		500mm×400mm×20mm	1
	QS	组合开关	HZ2-60/3	380V、60A	1

续表

	代号	名称	型号	规格	数量
器材	FU1	熔断器 FU1	RL1-60/25	380V、60A、配熔体 25A	3
	FU2	熔断器 FU2	RL1-15/2	380V、15A、配熔体 2A	2
	KM	接触器 KM	CJ10-10	10A、线圈电压 380V	3
	SB	按钮 SB1～SB3	LA4-3H	保护式、按钮数 3	1
	FR	热继电器 FR	JR20	380V、20A	1
	KT	时间继电器 KT	JS7-A	380V、5A	1
	XT	接线端子排	TD-AZ1	600V、20A	1
		主电路导线		BVR1.5mm^2 和 BV1.5mm^2	若干
		控制电路导线		BV1.0mm^2	若干
		按钮塑料铜线		BVR0.75mm^2	若干
		接地线		BVR1.5mm^2（黄绿双色）	若干
		木螺钉		$\phi 5\times 30$mm	若干

7.3.3 学习测评：电动机Y-△降压起动控制电路的安装和检查测评

任务7.3的测评考核，见表7-6。

表7-6　三相异步电动机Y-△降压起动控制电路的安装和检查测评考核

项目内容	配分	评分标准	个人评价（30%）	学生互评（30%）	教师评分（40%）
画布局图	10分				
画接线图	10分				
安装元件	20分	1）不按布置图安装　扣20分 2）元器件安装不牢固　每个扣5分 3）元器件安装不整齐、不匀称、不合理　每个扣6分 4）损坏元器件　扣20分			

续表

项目内容	配分	评分标准	个人评价（30%）	学生互评（30%）	教师评分（40%）
布线	20分	1）不按接线图接线 扣20分 2）走线没有做到横平竖直 每根扣3分 3）接点松动、露铜过长、压绝缘层、反圈等 每个扣1分 4）损伤导线绝缘层或线芯 每根扣15分			
通电前检查	10分	不会使用仪表及测量方法不正确 扣10分			
通电检查	30分	1）不会使用仪表及测量方法不正确 扣5分 2）各接点松动或不符合要求 每个扣5分 3）接线错误造成通电一次不成功 扣10分 4）控制开关进、出线接错 扣15分 5）电动机接线错误 扣20分 6）接线程序错误 扣15分 7）漏接接地线 扣20分			
开始时间		结束时间		实际时间	
定额时间：180min		每超时10min及以内，扣5分		总评分数	
安全文明生产	违反安全文明生产规程 扣5～40分				
备注	除定额时间外，各项目的最高扣分不应超过配分数				

任务7.4 Y-△降压起动控制电路常见故障的处理

7.4.1 相关知识：空气阻尼时间继电器与电动机Y-△降压起动控制线路的常见故障、原因及检修方法

1. 空气阻尼时间继电器故障的现象、原因及检修

空气阻尼时间继电器故障的现象、原因及检修方法，如表7-7所示。

表7-7 空气阻尼时间继电器故障的现象、原因及检修方法

常见故障	原因及检修方法
延时触头不动作	1）电磁铁线圈断线，万用表检测，更换线圈 2）电源电压大大低于线圈的额定电压，调高电流电压或更换线圈 3）连接触头不牢，重新连接

续表

常见故障	原因及检修方法
延时时间缩短	1）空气阻尼式时间继电器气室装配不严、漏气，调换气室 2）空气阻尼式时间继电器气室内橡胶薄膜损坏，更换橡皮膜
延时时间变长	空气阻尼式时间继电器气室有灰尘，使气道阻塞清洁或更换气室

2. 电动机 Y-△降压起动控制线路的故障检修

电动机 Y-△降压起动控制线路的故障检修方法，如表 7-8 所示。

表 7-8　电动机 Y-△降压起动控制线路的故障检修方法

故障现象	原因分析	检查方法
电动机不能起动	这意味着电动机 M 不能接成 Y 形起动 1）从主电路来分析有： 熔断器 FU1 断路、接触器 KM、KM_Y 主触点接触不良、热继电器 FR 主通路有断点、电动机 M 绕组有故障 2）从控制电路来分析有： ① FR（1—2）常闭触点接触不良 ② SB1（2—3）常闭触点接触不良 ③ $KM_{\triangle}$（4—5）常闭触点接触不良 ④ KT（5—6）常闭触点接触不良 ⑤ 接触器 KM 及接触器 KM_Y 线圈损坏等	故障检查的步骤及方法： 按下电动机 M 起动按钮 SB2，观察接触器 KM、KM_Y 是否闭合 1）若接触器 KM、KM_Y 都闭合，则为主电路的问题，重点检查熔断器 FU1、接触器 KM 及 KM_Y 主触点、电动机 M 绕组等 2）如果接触器 KM、KM_Y 均不闭合，则重点检查熔断器 FU2、FR（1—2）常闭触点、SB1（2—3）常闭触点、$KM_{\triangle}$（4—5）常闭触点、KT（5—6）常闭触点等 3）如接触器 KM_Y 闭合，KM 未闭合，则重点检查 KM_Y（5—7）常开触点及接触器 KM 线圈
电动机能 Y 形起动但不能转换为△形运行	1）从主电路分析有接触器 $KM_{\triangle}$ 主触点闭合接触不良 2）从控制电路来分析有 ① $KM_{\triangle}$（4—5）常闭触点接触不良 ② 时间继电器 KT 线圈损坏 ③ KM_Y（7—8）常闭触点接触不良 ④ 接触器 $KM_{\triangle}$ 线圈损坏等	检查步骤为： 按下起动按钮 SB2，电动机 M 在 Y 形起动后，观察时间继电器 KT 是否闭合 1）若时间继电器 KT 未闭合，重点检查时间继电器 KT 的线圈 2）如果 KT 闭合，经过一定时间后，观察接触器 KM_Y 是否释放，$KM_{\triangle}$ 是否闭合 ① 如 KM_Y 未释放，则检查 5 号线与 6 号线间 KT 瞬时闭合延时断开触点（不能延时断开） ② 如 KM_Y 释放，观察 $KM_{\triangle}$ 是否吸合。如 $KM_{\triangle}$ 未闭合，则检查 KM_Y（7—8）常闭触点。若 $KM_{\triangle}$ 闭合，则检查 $KM_{\triangle}$ 主触点

7.4.2　实践训练：在规定时间内排除电路故障

在 15min 内，排除 3 个电路故障。

要求：

1）正确使用仪表。

2）排除故障过程中不影响电路原有工艺，不能增加新的故障。

7.4.3 学习测评：电动机 Y-△降压起动控制电路的故障排除技能测评

任务 7.4 的测评考核，见表 7-9。

表 7-9 排除故障评分表

项目内容	评分标准（配分 20 分）			个人评价（30%）	学生互评（30%）	教师评分（40%）
短路、新故障	出现短路、出现新故障		扣 20 分			
安全文明生产	违反安全文明生产规程		扣 5～20 分			
定额时间：15min	超过 15min		扣 20 分			
规定时间内	每少排除一个故障		扣 5 分			
开始时间		结束时间		实际时间		

知识拓展

1. 电动机全压起动的条件

通常规定为：电源容量在 180kV·A 以上，电动机功率在 7kW 以下的三相异步电动机可以采用全压起动。或者，也可以通过经验公式来确定：

$$\frac{I_{st}}{I_N} \leqslant \frac{3}{4} + \frac{S}{4P}$$

式中，I_{st}——电动机的全压起动电流（A）；

I_N——电动机的额定电流（A）；

S——电源变压器容量（kV·A）；

P——电动机功率（W）。

凡不满足全压起动条件的，均采用软起动。

2. 软起动

三相异步电动机软起动通过采用减压、补偿或变频等技术手段完成。

软起动可分为有级和无级两类，前者的调节是分档的；后者的调节是连续的。传统的软起动均是有级的，如 Y-△降压软起动，自耦变压器软起动，定子绕组串接电阻软起动等等。有级方法存在明显缺点，即降压起动过程到全压运行的切换中出现二次冲击电流。

无极软起动与传统减压起动方式的不同之处是：

1）无冲击电流。软起动器在起动电机时，通过逐渐增大晶闸管导通角，使电机起

动电流从零线性上升至设定值。

2）恒流起动。软起动器可以引入电流闭环控制，使电机在起动过程中保持恒定电流，确保电机平稳起动。

3）根据负载情况及电网继电保护特性选择，可自由地无级调整至最佳起动电流。

无级连续调节的主要有三种：以电解液限流的液阻软起动，以晶闸管（SCR）为限流器件的晶闸管软起动，以磁饱和电抗器（SR）为限流器件的磁控软起动。

3. 软起动器

软起动器（软起动器）是一种集电机软起动、软停车、轻载节能和多种保护功能于一体的新颖电机控制装置，国外称为Soft Starter。这里以CMC-L电机软起动器为例，对软起动器作简要介绍。

（1）软起动器铭牌

软起动器的铭牌，如图7-11所示。

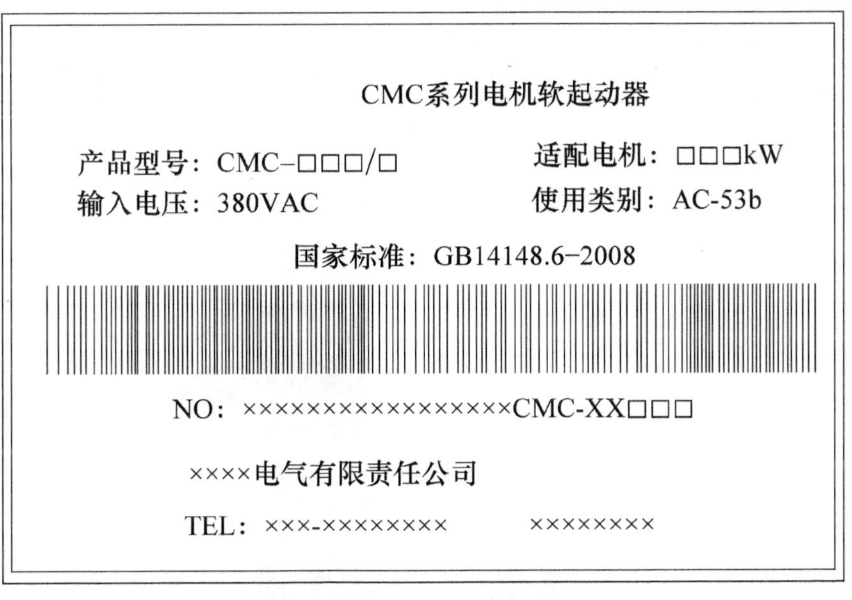

图7-11　CMC-L电机软起动器铭牌

（2）软起动器型号

软起动器的型号，如图7-12所示。

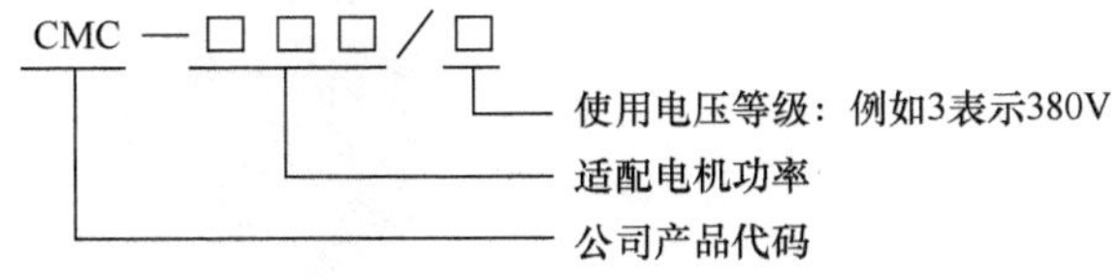

图7-12　软起动器型号及含义

（3）使用条件

CMC-L电机软起动器的使用条件，如表7-10所示。

表 7-10 CMC-L 电机软起动器的使用条件

控制电源	AC110V～220V+15%
三相电源	AC380V、660V、1140V±30%
标称电流	15A～1000A，共 22 种额定值
控制电源	AC110V～220V+15%
适用电机	一般鼠笼型异步电机
起动斜坡方式	限流软起动、电压斜坡起动、电压斜坡+限流起动
停车方式	自由停车、软停车
逻辑输入	阻抗 1.8kΩ，电源+15V
起动频度	可做频繁或不频繁起动，建议每小时起动不超过 10 次
保护功能	断相、过流、短路、SCR 保护、过热等
防护等级	IP00、IP20
冷却方式	自然冷却或强迫风冷
安装方式	壁挂式
环境条件	海拔超过 2000m，应相应降低容量使用环境温度在－25～＋45℃之间相应湿度不超过 95%（20℃±5℃）无易燃、易爆、腐蚀性气体，无导电尘埃，室内安装，通风良好，振动小于 0.5G

（4）CMC-L 软起动器基本接线

CMC-L 软起动器基本接线示意图，如图 7-13 所示。

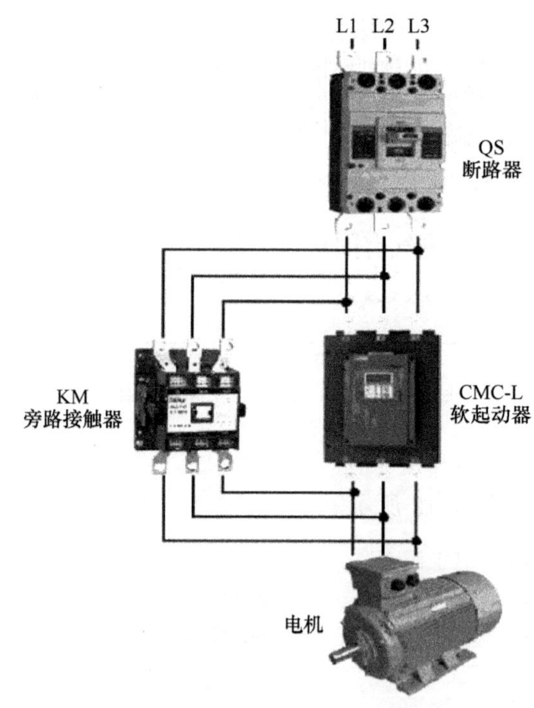

图 7-13 CMC-L 软起动器基本接线示意图

4. CMC-L 软起动器典型应用接线图

CMC-L 软起动器典型应用接线图，如图 7-14 所示。

 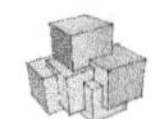

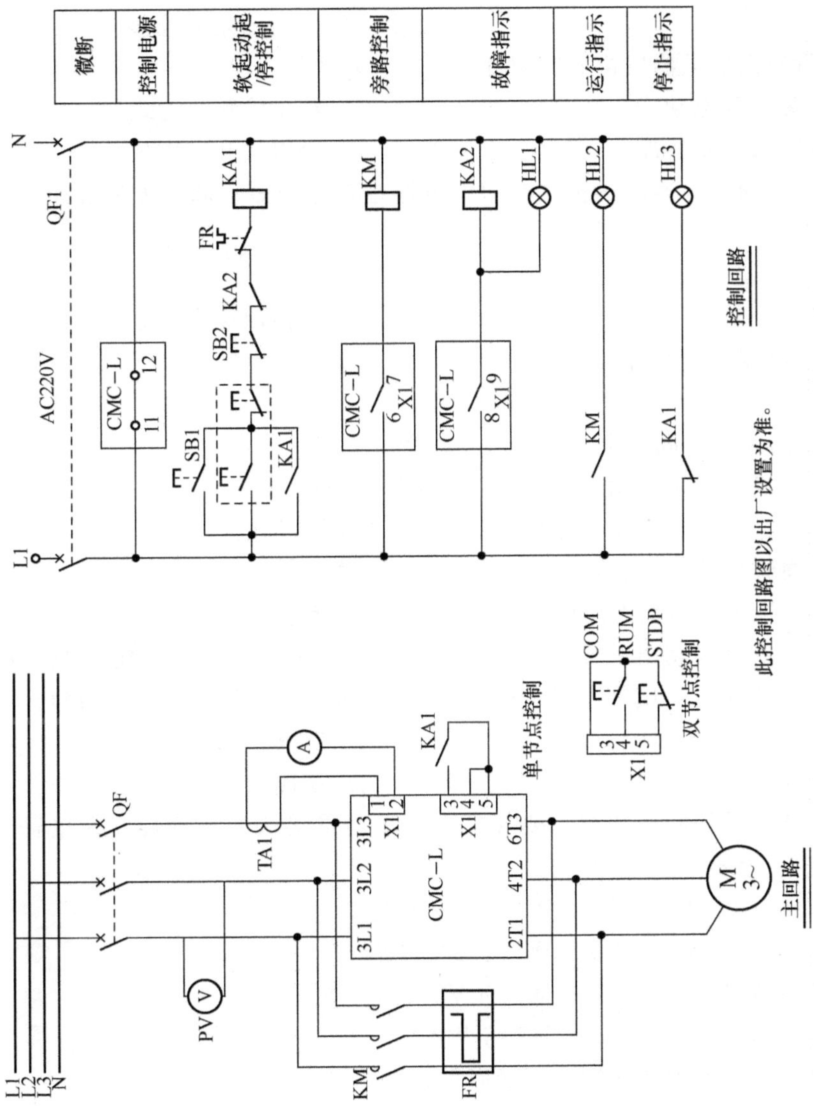

此控制回路图以出厂设置为准。

图 7-14 CMC-L 软起动器典型应用接线

理论试题精选

一、选择题

1. 为了使异步电动机能采用 Y-△降压起动，电动机在正常运行时必须是（　　）。

A. Y 连接　　B. △连接

C. Y/△连接　　D. 延边三角形连接

2. 晶体管时间继电器按构成原理分为（　　）两类。

A. 电磁式和电动式　　B. 整流式和感应式

C. 阻容式和数字式　　D. 磁电式和电磁式

3. 晶体管时间继电器比气囊式时间继电器在寿命长短、调节方便和耐冲击三项性能相比（　　）。

A. 差　　B. 良

C. 优　　D. 因使用场合不同而异

4. 时间继电器的文字符号为（　　）。

A. KT　　B. FR　　C. SJ　　D. PE

5. 通电延时型的时间继电器，它的动作情况为（　　）。

A. 线圈通电时触点动作，断电时触点瞬时动作。

B. 线圈通电时触点瞬时动作，断电时触点延时动作。

C. 线圈通电时触点不动作，断电时触点动作。

D. 线圈通电时触点不动作，断电时触点延时动作。

6. Y-△减压起动控制电路中，接触器 KM_Y 的进线必须从三相定子绕组的末端引入，若将其从首端引入，则在 KM_Y 吸合时，会出现三相电源（　　）事故。

A. 开路　　B. 漏电

C. 过载　　D. 短路

7. Y-△减压起动控制接线时，要保证电动机△形接法的正确性，即接触主触头闭合时，应保证定子绕组（　　）。

A. U1 与 U2、V1 与 V2、W1 与 W2 相连

B. U1 与 V2、V1 与 W2、W1 与 U2 相连

C. U1 与 W2、V1 与 U2、W1 与 V2 相连

D. U1 与 W1、V1 与 V2、U2 与 W2 相连

8. Y-△减压起动的起动转矩为直接起动转矩的（　　）倍。

A. 2　　B. 1/2　　C. 3　　D. 1/3

二、判断题

（　　）1. 三相笼型异步电动机都可以用 Y-△减压起动。

（　　）2. 晶体管时间继电器也称半导体时间继电器或电子式时间继电器，是自动控制系统的重要元件。

（　　）3. 为了使三相异步电动机能采用 Y-△减压起动，电动机在正常时，必须

是△连接。

（ ）4. 大功率Y连接的电动机亦可采用Y-△减压起动。

（ ）5. 晶体管时间继电器按延时方式分为通电延时型、断电延时型、带瞬动触点的通电延时型等。

项目8 三相异步电动机能耗制动控制电路的安装与检修

知识目标

1. 正确识读三相异步电动机能耗制动控制电路的电路图。

2. 正确理解三相异步电动机能耗制动控制电路的工作原理。

能力目标

1. 能根据三相异步电动机能耗制动控制电路的电路图画出其布局图和接线图。

2. 能按照工艺要求正确安装三相异步电动机能耗制动控制电路。

3. 会用电阻法检查三相异步电动机能耗制动控制电路。

4. 会根据通电检查的要求，规范地进行电路通电测试。

5. 能根据故障现象，检修三相异步电动机能耗制动控制电路。

情感目标

1. 有从事维修低压电工岗位的安全工作意识。

2. 能养成遵守工作时间及能按时完成工作任务的习惯。

3. 能与同事交流和合作，能正确处理与领导的关系。

规范标准

1. 《电气图常用图形符号》(GB 4728—85)。

2. 《机床电气设备通用技术条件》(GB 5226—85)。

3. 《电气技术中的文字符号制定通则》(GB 7159—87)。

4. 《电气制图》(GB 6988—86)。

5. 《电气技术中的项目代号》(GB 5094—85)。

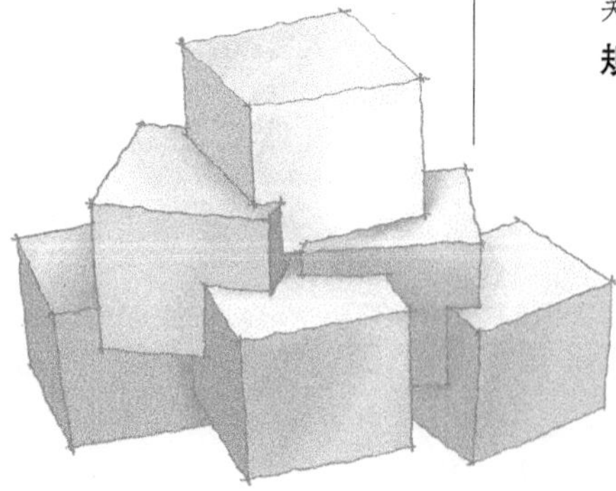

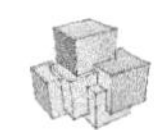

生产机械在电动机的拖动下运转，当电动机失电后，由于惯性作用会继续转动一段时间才能停下来。为了能使电动机迅速停转，就需要对电动机进行制动。

所谓制动，就是给电动机一个与转动方向相反的转矩使它迅速停转。制动的方法一般有两类：机械制动和电力制动。

电动机断电后，利用机械装置产生反作用转矩使它迅速停转的方法叫做机械制动，机械制动常用电磁制动器制动和电磁离合器制动。

所谓动力制动是指使电动机在切断定子电源停转的过程中，产生一个和电动机实际旋转方向相反的电磁力矩（制动力矩），迫使电动机迅速制动停转的方法。电力制动常用的方法有反接制动、能耗制动、电容制动和再生发电制动等。

本次课主要学习具有 Y-△降压起动功能的三相异步电动机能耗制动控制电路。

任务8.1　识读能耗制动控制电路的电路图

8.1.1　相关知识：能耗制动控制电路的电路图及其工作原理

具有 Y-△降压起动功能的三相异步电动机能耗制动控制电路。由组合开关、熔断器、按钮、热继电器、时间继电器和交流接触器，用导线连接而成。其电路图，如图 8-1所示。

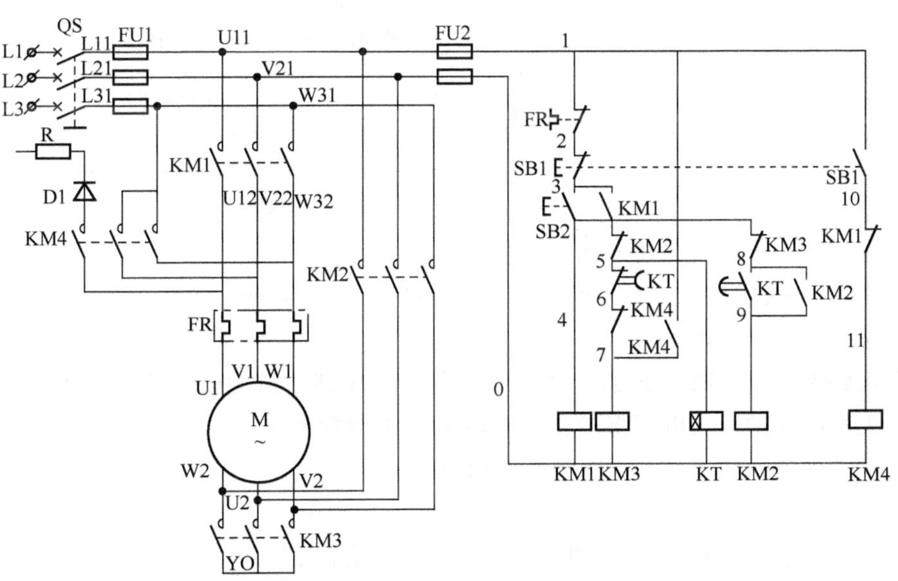

图 8-1　直流能耗制动的三相异步电动机 Y-△降压起动控制电路的电路图

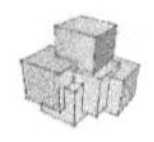

1. 工作原理

合上电源开关 QS

(1) 减压起动

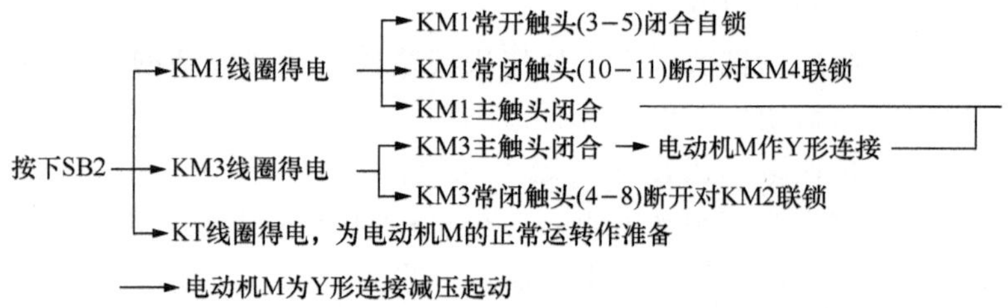

(2) 全压运转

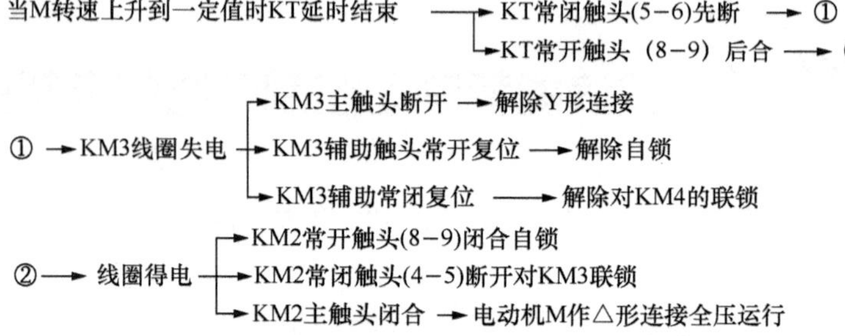

(3) 能耗制动

松开 SB1→KM3、KM4 线圈断电→电动机 M 能耗制动结束。

2. 电路的保护功能

① 短路保护：熔断器 FU1、FU2 分别用于主电路、控制电路的短路保护。

② 欠电压保护、失电压保护：接触器 KM 的线圈兼有欠电压保护、失电压保护。

③ 过载保护：热继电器 FR 保护电动机过载。

8.1.2 实践训练：绘制电动机能耗制动控制电路的电路图并简述其工作原理和保护功能

按照表 8-1 的要求，画出电动机能耗制动控制电路的电路图，简述电动机能耗制动控制电路的工作原理和保护功能。

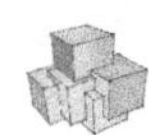

表 8-1　画出电路的电路图，简述电路的工作原理和保护功能

画电路图	
简述电路的工作原理	
简述电路的保护功能	

8.1.3　学习测评：电动机能耗制动控制电路的电路图绘制测评

任务 8.1 的测评考核，见表 8-2。

表 8-2　电动机能耗制动控制电路的电路图测评考核

名称	要求	测评考核		备注
		自测值	互测值	
画图	准确、工整			
工作原理	内容正确，表达清晰，语句通顺、简练			
保护功能				

任务8.2　能耗制动控制电路的安装和检查

8.2.1　相关知识：电气控制线路的安装、检查及通电试车认知

1. 电气控制线路安装工艺

参照任务 2.4 的工艺要求安装本电路。

2. 检查电路

（1）检查主电路

断开FU2切除控制电路。万用表两支表笔接QS下端的U11、V21端子。

① 同时按下KM2、KM3的触头架，万用表显示由断到通。

② 松开KM2或KM3的触头架，万用表显示由通到断。

同样的方法检查QS下端的U11、W31端子。

万用表两支表笔接QS下端的V21、W31端子。

① 同时按下KM1、KM4的触头架，万用表显示由断到通。

② 松开KM1或KM4的触头架，万用表显示由通到断。

（2）检查控制电路

拆下电动机接线，接通FU2。

万用表两支表笔接QS下端的U11、V21端子。

① 按下SB2，应测得KM1、KM3、KT三个线圈并联后的电阻值。

② 按下SB2不松开，轻按KM2的触头架，应测得KM1线圈的电阻值。

③ 按下SB2不松开，轻按KM4的触头架，应测得KM1、KT两个线圈并联后的电阻值；将KM4的触头架按到底，应测得KM1、KM3、KT三个线圈并联后的电阻值。

④ 按下SB2不松开，轻按SB1万用表显示由通到断。

⑤ 将SB1按到底，应测得KM4线圈的电阻值。

3. 通电试车

（1）通电试车注意事项

① 为保证人身安全，在通电试车时，要认真执行安全操作规程的有关规定，一人监护，一人操作。试车前，应检查与通电试车有关的电气设备是否有不安全的因素存在，若查出应立即整改，然后方能试车。

② 通电试车前，必须征得教师的同意，并由指导教师接通三相电源L1、L2、L3，同时在现场监护。学生合上电源开关QS后，用测电笔检查熔断器出线端，氖管亮说明电源接通。上述检查一切正常后，做好准备工作，在指导老师监护下试车。

（2）通电试车

通电试车应按下列步骤依次进行操作。

① 接线顺序：先接电动机线，后接电源线。

② 通电顺序：（右手操作）先合组合开关QS，后按SB起动电动机。

③ 断电顺序：（右手操作）先按SB断开电动机，后断组合开关QS。

④ 拆线顺序：先拆电源线后拆电动机线。

8.2.2 实践训练：三相异步电动机能耗制动控制电路的安装和检查

三相异步电动机能耗制动控制电路的安装和检查要求：

1）正确绘制元件布置图和接线图。

2）组合开关、熔断器、按钮、接触器、热继电器、时间继电器安装要正确、牢固。

3）按照硬线布线工艺要求安装布线。

4）通电试车时要严格遵守安全规程。

仪表、工具、耗材和器材准备，如表 8-3 所示。

表 8-3　仪表、工具、耗材和器材准备

<table>
<tr><td>工具</td><td colspan="5">测电笔、尖嘴钳、剥线钳、螺钉旋具、电工刀等</td></tr>
<tr><td>仪表</td><td colspan="5">MF47 型万用表</td></tr>
<tr><td rowspan="17">器材</td><td>代号</td><td>名称</td><td>型号</td><td>规格</td><td>数量</td></tr>
<tr><td></td><td>三相四线电源</td><td></td><td>～3×380V</td><td>1</td></tr>
<tr><td>M</td><td>三相电动机</td><td>Y112M-4</td><td>4kW、380V、8.8A、△接法</td><td>1</td></tr>
<tr><td></td><td>配线板</td><td></td><td>500mm×400mm×20mm</td><td>1</td></tr>
<tr><td>QS</td><td>组合开关</td><td>HZ2-60/3</td><td>380V、60A</td><td>1</td></tr>
<tr><td>FU1</td><td>熔断器 FU1</td><td>RL1-60/25</td><td>380V、60A、配熔体 25A</td><td>3</td></tr>
<tr><td>FU2</td><td>熔断器 FU2</td><td>RL1-15/2</td><td>380V、15A、配熔体 2A</td><td>2</td></tr>
<tr><td>KM</td><td>接触器 KM</td><td>CJ10-10</td><td>10A、线圈电压 380V</td><td>4</td></tr>
<tr><td>SB</td><td>按钮 SB1～SB3</td><td>LA4-3H</td><td>保护式、按钮数 3</td><td>1</td></tr>
<tr><td>FR</td><td>热继电器 FR</td><td>JR20</td><td>380V、20A</td><td>1</td></tr>
<tr><td>KT</td><td>时间继电器 KT</td><td>JS7-A</td><td>380V、5A</td><td>2</td></tr>
<tr><td>XT</td><td>接线端子排</td><td>TD-AZ1</td><td>600V、20A</td><td>1</td></tr>
<tr><td></td><td>主电路导线</td><td></td><td>BVR1.5mm² 和 BV1.5mm²</td><td>若干</td></tr>
<tr><td></td><td>控制电路导线</td><td></td><td>BV1.0mm²</td><td>若干</td></tr>
<tr><td></td><td>按钮塑料铜线</td><td></td><td>BVR0.75mm²</td><td>若干</td></tr>
<tr><td></td><td>接地线</td><td></td><td>BVR1.5mm²（黄绿双色）</td><td>若干</td></tr>
<tr><td></td><td>木螺钉</td><td></td><td>ϕ5×30mm</td><td>若干</td></tr>
</table>

8.2.3　学习测评：三相异步电动机能耗制动控制电路的安装和检查测评

任务 8.2 的测评考核见表 8-4。

表 8-4　三相异步电动机能耗制动控制电路的安装和检查测评考核

项目内容	配分	评分标准	个人评价（30%）	学生互评（30%）	教师评分（40%）
画布局图	10 分				
画接线图	10 分				
安装元件	20 分	1）不按布置图安装　扣 20 分 2）元器件安装不牢固　每个扣 5 分 3）元器件安装不整齐、不匀称、不合理　每个扣 6 分 4）损坏元器件　扣 20 分			
布线	20 分	1）不按接线图接线　扣 20 分 2）走线没有做到横平竖直　每根扣 3 分 3）接点松动、露铜过长、压绝缘层、反圈等　每个扣 1 分 4）损伤导线绝缘层或线芯　每根扣 15 分			
通电前检查	10 分	不会使用仪表及测量方法不正确　扣 10 分			
通电检查	30 分	1）不会使用仪表及测量方法不正确　扣 5 分 2）各接点松动或不符合要求　每个扣 5 分 3）接线错误造成通电一次不成功　扣 10 分 4）控制开关进、出线接错　扣 15 分 5）电动机接线错误　扣 20 分 6）接线程序错误　扣 15 分 7）漏接接地线　扣 20 分			

开始时间		结束时间		实际时间	
定额时间：180min		每超时 10min 及以内，扣 5 分		总评分数	
安全文明生产	违反安全文明生产规程　扣 5～40 分				
备注	除定额时间外，各项目的最高扣分不应超过配分数				

任务8.3　能耗制动控制电路常见故障的处理

8.3.1　相关知识：元器件与线路的常见故障、原因分析及检查方法

1. 元器件故障维修

元器件故障维修，参看任务2.5、3.5、7.4的元器件故障检修方法。

2. 线路常见的故障维修

1）电动机Y-△降压起动控制线路部分，参看任务7.4的时间继电器自动控制Y-△降压起动控制线路的故障检修方法。

2）直流能耗制动部分，如表8-5所示。

表8-5　直流能耗制动部分故障检修方法

故障现象	原因分析	检查方法
按下停止按钮SB1接触器KM4不吸合，电动机不能制动	可能是接触器KM1的常闭触头接触不良；SB2的常开触头接触不良；接触器KM4本身有故障不能吸合	1）检查接触器KM1的常闭触头 2）检查；SB2的常开触头接触 3）检查接触器KM4线圈
按下停止按钮接触器KM4吸合，电动机不能制动	接触器KM4吸合，可能是接触器KM4的主触头中某一触头接触不良，整流电路断路。整流器件部分烧毁等	用验电器先测量KM4主触头的上端头是否有电；如没有电，则是KM4主触头上端头连接导线断路；如有电，则断开电源，用万用表的电阻挡，黑表笔固定在KM4主触头的上端头，按下KM4的触头架，红表笔逐点测量通断情况，故障点在通断两点之间

8.3.2　实践训练：在规定时间内排除电路故障

在15min内，排除3个电路故障。

要求：

1）正确使用仪表。

2）排除故障过程中不影响电路原有工艺，不能增加新的故障。

8.3.3　学习测评：能耗制动控制电路的故障排除技能测评

任务8.3的测评考核，见表8-6。

表 8-6 排除故障评分表

项目内容	评分标准（配分 20 分）			个人评价（30%）	学生互评（30%）	教师评分（40%）
短路、新故障	出现短路、出现新故障 扣 20 分					
安全文明生产	违反安全文明生产规程 扣 5～20 分					
定额时间：15min	超过 15min 扣 20 分					
规定时间内	每少排除一个故障 扣 5 分					
开始时间		结束时间		实际时间		

理论试题精选

一、选择题

1. 三相异步电动机能耗制动时，电动机处于（　　）运行状态。

A. 点动　　B. 发电　　C. 起动　　D. 调速

2. 三相异步电动机采用能耗制动时，当切断电源后将（　　）。

A. 转子电路串入电阻　　B. 定子任意两相绕组进行反接

C. 转子绕组进行反接　　D. 定子绕组送入直流电

3. 对于要求制动准确，平稳的场合，应采用（　　）制动。

A. 反接　　B. 能耗　　C. 电容　　D. 再生发电

4. 三相异步电动机的能耗制动是向三相异步电动机定子绕组中通入（　　）电流。

A. 单相交流　　B. 三相交流

C. 直流　　D. 反向序三相交流

二、判断题

（　　）1. 能耗制动的制动力矩与通入定子绕组中的直流电流成正比，因此电流越大越。

（　　）2. 当电动机切断交流电源后，立即在定子绕组中通入直流电，迫使电动机停转的方法称为能耗制动。

项目9　三相异步电动机顺序控制电路的安装与维修

知识目标

1. 正确识读三相异步电动机顺序控制电路的电路图、接线图和布局图。

2. 正确理解三相异步电动机顺序控制电路的工作原理。

技能目标

1. 能按照工艺要求正确安装三相异步电动机顺序控制电路。

2. 会用电阻法检查三相异步电动机顺序控制电路。

3. 会根据通电检查的要求，规范地进行电路通电测试。

4. 能根据故障现象，检修三相异步电动顺序控制电路。

情感目标

1. 有从事维修低压电工岗位的安全工作意识。

2. 能养成遵守工作时间及能按时完成工作任务的习惯。

3. 能与同事交流和合作，能正确处理与领导的关系。

规范标准

1. 《电气图常用图形符号》(GB 4728—85)。

2. 《机床电气设备通用技术条件》(GB 5226—85)。

3. 《电气技术中的文字符号制定通则》(GB 7159—87)。

4. 《电气制图》(GB 6988—86)。

5. 《电气技术中的项目代号》(GB 5094—85)。

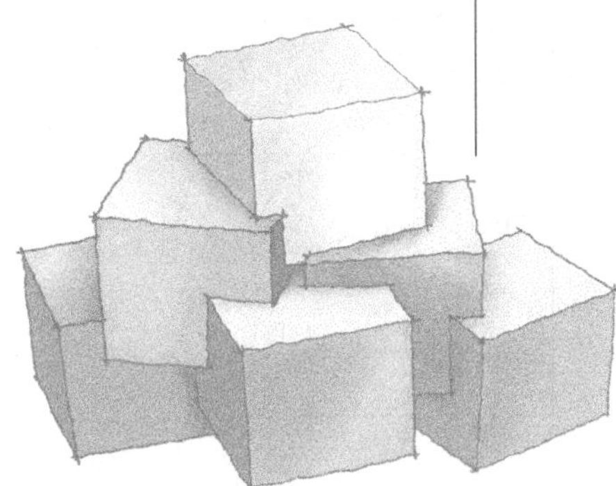

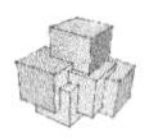

任务9.1　顺序控制电路的功能

9.1.1　相关知识：顺序控制电路的应用、电路图及其工作原理

图 9-1　金属加工的过程中的冷却液和钻头

1. 顺序控制在机床上的应用

在生产实际中，有些生产机械上有多台电动机，而每一台电动机的工作任务又是不同的，有时需要按一定的顺序起动或停止，才能保证操作过程的合理和工作的安全可靠。比如在进行金属加工的过程中需要冷却液不停的冷却，如图 9-1 所示。这就要求抽取冷却液的电机先起动，带动钻头的电机才能工作；而带动钻头的电机没有断电之前，抽取冷却液的电机不能停。

这种要求几台电动机的起动和停止必须按一定的先后顺序来完成的控制方式，称为电动机的顺序控制。能实现这种顺序控制的方法很多，常见的主要有两大类：一是通过在主电路上的控制来实现；另一种是通过控制电路来实现。本课程主要学习由控制电路实现的顺序起动逆序停止电路。

2. 顺序控制电路的电路图

顺序控制电路的电路图，如图 9-2 所示。

在 KM2 线圈中串联了 KM1 辅助常开触头，实现了 M1 起动后，M2 才能起动；而电路中 SB12 的两端并接了接触器 KM2 的辅助常开触头，实现了 M2 停止后，M1 才能停止的控制要求，即 M1、M2 顺序起动，逆序停止。

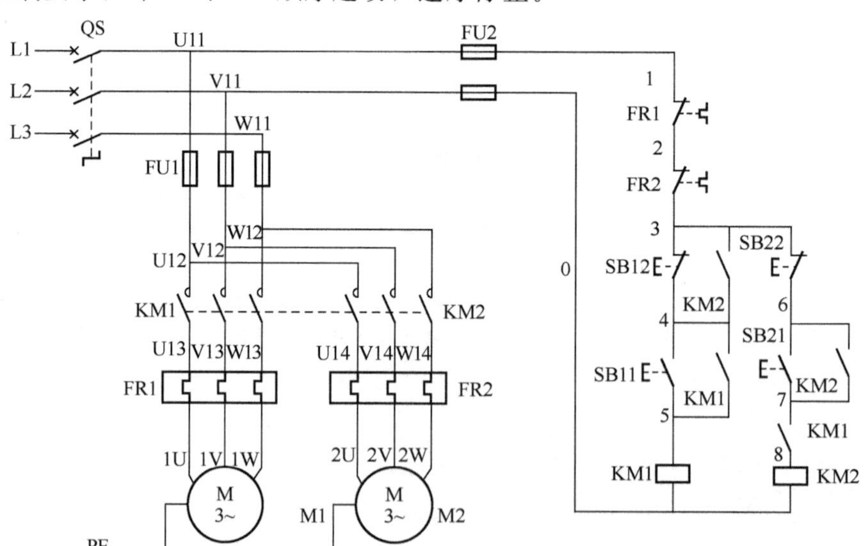

图 9-2　顺序控制电路的电路图

3. 顺序控制电路的工作原理

(1) 合上电源开关 QS

M1、M2的顺序起动:

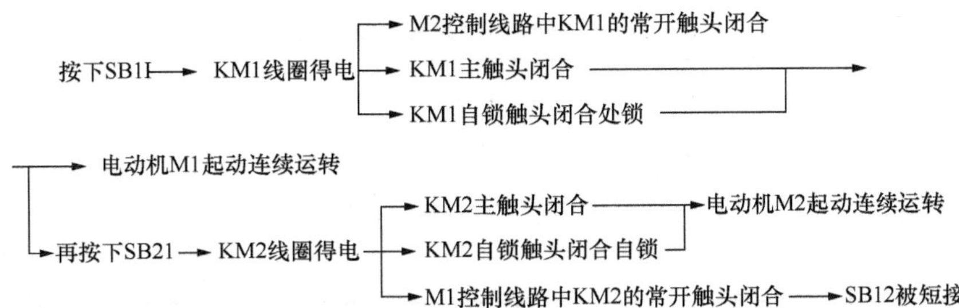

M1、M2的停转:

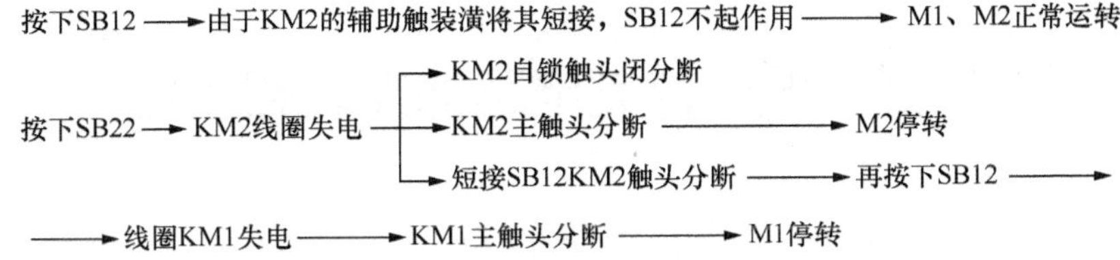

(2) 电路的保护功能

① 短路保护：熔断器 FU1、FU2 分别用于主电路、控制电路的短路保护。

② 欠电压保护、失电压保护：接触器 KM 的线圈兼有欠电压保护、失电压保护。

③ 过载保护：热继电器 FR 保护电动机过载。

9.1.2 实践训练：绘制顺序控制电路的电路图并简述其工作原理与保护功能

按照表 9-1 的要求，画出顺序控制电路的电路图，简述顺序控制电路的工作原理和保护功能。

表 9-1　画出电路的电路图，简述电路的工作原理和保护功能

画电路图	
简述电路的工作原理	
简述电路的保护功能	

9.1.3 学习测评：顺序控制电路电路图绘制测评

任务 9.1 的测评考核，见表 9-2。

表 9-2 顺序控制电路电路图测评考核

名称	要求	测评考核		备注
		自测值	互测值	
画图	准确、工整			
工作原理	内容正确，表达清晰，语句通顺、简练			
保护功能				

任务9.2 顺序控制电路的安装和检查

9.2.1 相关知识：电气控制线路的安装、检查及通电试车认知

1. 布置图和接线图

电路的布置图和接线图，如图 9-3 所示。其中图（a）是布置图、（b）是接线图。

2. 电气控制线路安装工艺要求

参照任务 2.4 的工艺要求安装本电路。

接线注意事项：

1）电路图 9-3 中，3、4、7 号线容易接错。主要原因是，连接的线较多，易漏线。注意各端头之间的就近连接。

2）串接在 M2 控制线路中 KM1 的常开触头容易接错。KM1 的常开触头容易错接到 M1 控制线路中。

3. 电阻法检查电路

（1）主电路检查

主电路的检查，参看任务 3.4（主电路检查方法）。

（2）控制电路检查

分别检查以下几个功能：

① 检查 M1 起动控制。

② 检查 M2 起动控制。

③ M1、M2 自锁检查。

4. 通电试车

（1）通电试车注意事项

① 为保证人身安全，在通电试车时，要认真执行安全操作规程的有关规定，一人监护，一人操作。试车前，应检查与通电试车有关的电气设备是否有不安全的因素存

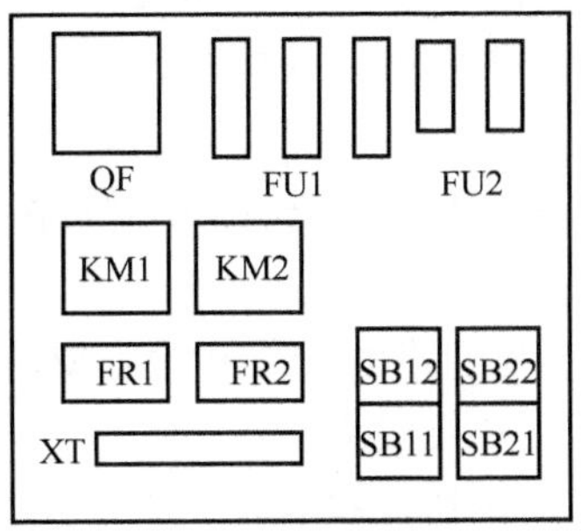

(a) 布置图

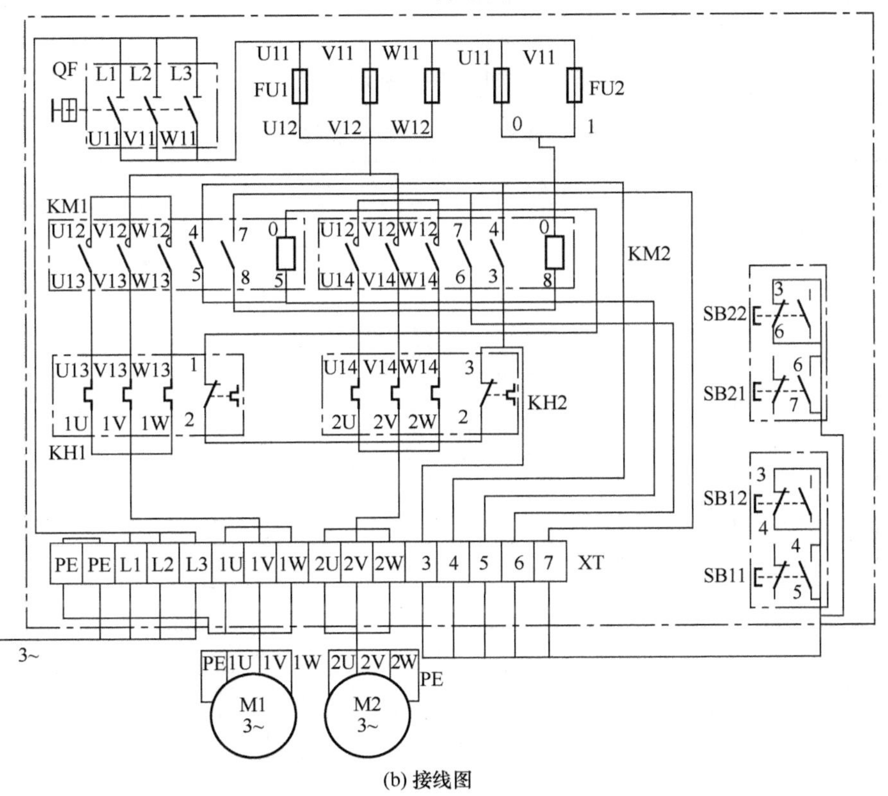

(b) 接线图

图 9-3　布置图和接线图

在，若查出应立即整改，然后方能试车。

② 通电试车前，必须征得教师的同意，并由指导教师接通三相电源 L1、L2、L3，同时在现场监护。学生合上电源开关 QS 后，用测电笔检查熔断器出线端，氖管亮说明电源接通。上述检查一切正常后，做好准备工作，在指导老师监护下试车。

（2）通电试车

通电试车应按下列步骤依次进行操作。

① 接线顺序：先接电动机线，后接电源线。

② 通电顺序：（右手操作）先合组合开关 QS，后按 SB 起动电动机。

③ 断电顺序：（右手操作）先按 SB 断开电动机，后断组合开关 QS。

④ 拆线顺序：先拆电源线后拆电动机线。

9.2.2 实践训练：三相异步电动机顺序控制电路的安装和检查

三相异步电动机顺序控制电路的安装和检查要求：

1）正确绘制元件布置图和接线图。

2）组合开关、熔断器、按钮、接触器、热继电器安装要正确、牢固。

3）按照硬线布线工艺要求安装布线。

4）通电试车时要严格遵守安全规程。

仪表、工具、耗材和器材准备，如表 9-3 所示。

表 9-3 仪表、工具、耗材和器材准备

工具	测电笔、尖嘴钳、剥线钳、螺钉旋具、电工刀等				
仪表	MF47 型万用表				
器材	代号	名称	型号	规格	数量
		三相四线电源		~3×380V	1
	M	三相电动机	Y112M-4	4kW、380V、8.8A、△接法	1
		配线板		500mm×400mm×20mm	1
	QS	组合开关	HZ2-60/3	380V、60A	1
	FU1	熔断器 FU1	RL1-60/25	380V、60A、配熔体 25A	3
	FU2	熔断器 FU2	RL1-15/2	380V、15A、配熔体 2A	2
	KM	接触器 KM	CJ10-10	10A、线圈电压 380V	2
	SB	按钮 SB1~SB3	LA4-3H	保护式、按钮数 3	2
	FR	热继电器 FR	JR20	380V、20A	1
	XT	接线端子排	TD-AZ1	600V、20A	1
		主电路导线		BVR1.5mm^2 和 BV1.5mm^2	若干
		控制电路导线		BV1.0mm^2	若干
		按钮塑料铜线		BVR0.75mm^2	若干
		接地线		BVR1.5mm^2（黄绿双色）	若干
		木螺钉		ϕ5×30mm	若干

9.2.3 学习测评：电动机顺序控制电路的安装和检查测评

任务 9.2 的测评考核见表 9-4。

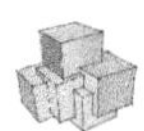

表 9-4　三相异步电动机顺序控制电路的安装和检查测评考核

<table>
<tr><th>项目内容</th><th>配分</th><th colspan="2">评分标准</th><th>个人评价（30%）</th><th>学生互评（30%）</th><th>教师评分（40%）</th></tr>
<tr><td>画布局图</td><td>10 分</td><td colspan="2"></td><td></td><td></td><td></td></tr>
<tr><td>画接线图</td><td>10 分</td><td colspan="2"></td><td></td><td></td><td></td></tr>
<tr><td>安装元件</td><td>20 分</td><td colspan="2">1）不按布置图安装　扣 20 分
2）元器件安装不牢固　每个扣 5 分
3）元器件安装不整齐、不匀称、不合理　每个扣 6 分
4）损坏元器件　扣 20 分</td><td></td><td></td><td></td></tr>
<tr><td>布线</td><td>20 分</td><td colspan="2">1）不按接线图接线　扣 20 分
2）走线没有做到横平竖直　每根扣 3 分
3）接点松动、露铜过长、压绝缘层、反圈等　每个扣 1 分
4）损伤导线绝缘层或线芯　每根扣 15 分</td><td></td><td></td><td></td></tr>
<tr><td>通电前检查</td><td>10 分</td><td colspan="2">不会使用仪表及测量方法不正确　扣 10 分</td><td></td><td></td><td></td></tr>
<tr><td>通电检查</td><td>30 分</td><td colspan="2">1）不会使用仪表及测量方法不正确　扣 5 分
2）各接点松动或不符合要求　每个扣 5 分
3）接线错误造成通电一次不成功　扣 10 分
4）控制开关进、出线接错　扣 15 分
5）电动机接线错误　扣 20 分
6）接线程序错误　扣 15 分
7）漏接接地线　扣 20 分</td><td></td><td></td><td></td></tr>
<tr><td>开始时间</td><td></td><td>结束时间</td><td></td><td>实际时间</td><td colspan="2"></td></tr>
<tr><td colspan="2">定额时间：180min</td><td colspan="2">每超时 10min 及以内，扣 5 分</td><td rowspan="3">总评分数</td><td rowspan="3" colspan="2"></td></tr>
<tr><td>安全文明生产</td><td colspan="3">违反安全文明生产规程　扣 5～40 分</td></tr>
<tr><td>备注</td><td colspan="3">除定额时间外，各项目的最高扣分不应超过配分数</td></tr>
</table>

任务9.3 顺序控制电路常见故障的处理

9.3.1 相关知识：顺序控制电路的常见故障、原因及检查方法

线路故障的现象、原因及检查方法，见表 9-5。

表 9-5 线路故障的现象、原因及检查方法

故障现象	原因分析	检查方法
在 M1 顺利起动后，M2 不能起动。	1）按 SB21 后 KM2 不动作 可能故障是： ①SB22 接触不良；②6 号线断路；③SB21 接触不良；④7 号线断路；⑤KM1 常开触头接触不良；⑥8 号线断路；⑦KM2 线圈断路。 2）按 SB21 后 KM2 动作，但电动机不能起动 可能故障是： ①KM2 主触头故障；②FR 热元件故障；③连接导线断路故障；④M2 电动机故障	1）按 SB21 后 KM2 不动作的检查方法是：按下 SB21 后，用测电笔逐点测量 SB22、SB21、KM1、KM2 的上下端头，故障点在有电点与无电点之间 2）按 SB21 后 KM2 动作，但电动机不能起动的检查方法如同自锁控制电路中的主电路检查方法
在 M1 没有起动的情况下，按 SB21，M2 起动。	可能故障是： KM1（7—8）常开触头短接	断开电源，万用表位于电阻挡，按下 KM1 的触头架，两表笔接 KM1 常开触头的上下端头，检查其通断情况
在 M1、M2 两台电动机起动后，按 SB22，两台电动机同时停止，即没有逆向停止控制。	可能故障是： KM1（4—5）常开辅助触头接触不良	断开电源，万用表位于电阻挡，按下 SB22，其余检查方法与自锁控制回路的检查方法一致
其他检查方法参见前面内容。		

9.3.2 实践训练：在规定时间内排除电路故障

在 15min 内，排除 3 个电路故障。

要求：

1）正确使用仪表。

2）排除故障过程中不影响电路原有工艺，不能增加新的故障。

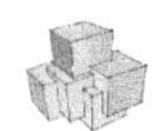

9.3.3　学习测评：顺序控制电路的故障排除技能测评

任务9.3的测评考核，见表9-6。

表9-6　排除故障评分表

项目内容	评分标准（配分20分）		个人评价（30%）	学生互评（30%）	教师评分（40%）
短路、新故障	出现短路、出现新故障	扣20分			
安全文明生产	违反安全文明生产规程	扣5～20分			
定额时间：15min	超过15min	扣20分			
规定时间内	每少排除一个故障	扣5分			
开始时间		结束时间		实际时间	

理论试题精选

一、选择题

1. 两台电动机M1与M2为顺序起动逆序停止，当停止时，（　　）。

A. M1先停止，M2后停止　　B. M2先停止，M1后停止

C. M1与M2同时停止　　D. M1停止，M2不停止

2. 要求几台电动机的起动或停止必须按一定的先后顺序来完成的控制方法，称为电动机的（　　）。

A. 顺序控制　　B. 异地控制

C. 多地控制　　D. 自锁控制

3. 顺序控制可通过（　　）来实现。

A. 主电路　　B. 控制电路

C. 控制电路　　D. 主电路和控制电路

二、判断题

（　　）顺序控制必须按一定的先后顺序并通过控制电路来控制几台电动机的起停。

第二部分

典型机床电气控制线路的检修

机床电气设备是由各种开关、按钮、接触器等多种元器件通过导线连接而成的。它们在运行中经常会发生各种各样的故障。当遇到故障时，切忌无目的的乱找，这样不仅不能迅速排除故障，相反会扩大故障造成严重事故。因此，快速排出故障是电气维修人员的职责，也是衡量电气维修人员水平的标志。

一般机床电气故障产生的原因，大致可分为两大类：

1）自然发展的故障　电气元件经长期使用，必然会产生触头烧损，开关、电动机等可动部分机械磨损，以及各种元器件、导线绝缘老化等自然现象，这些现象如不能有计划地预防或加以排除，就会影响电气设备正常运行。

2）人为的故障　系指电气设备受到不应有的机械外力破坏，以及元器件质量不好或因操作不当、安装不合理或维修不正确等人为因素造成的故障。

项目10 机床检修安全操作

知识目标

1. 掌握《电气作业安全规则》中与机床检修相关的内容。

2. 掌握《机床电气维修工》中与机床检修相关的内容。

3. 掌握机床电气检修的一般步骤。

4. 掌握分析和排除简单控制电路故障的方法。

技能目标

1. 能按照机床电气检修的一般步骤分析和排除一些简单控制电路故障。

2. 熟练使用电压法、电阻法检测电气故障。

情感目标

1. 有从事维修低压电工岗位的安全文明生产意识。

2. 能养成遵守各安全操作规程的良好习惯。

3. 能与同事交流和合作，能正确处理与领导的关系。

规范标准

1. 《电气安全技术操作规程》。

2. 《电气设备制作维护安全技术操作规程》。

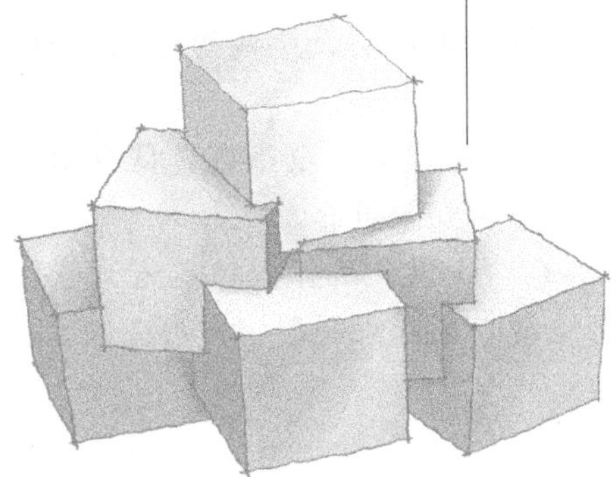

任务10.1 机床检修安全操作及一般步骤和方法

10.1.1 相关知识：电工、机床电气维修工工作须知及机床电气故障检修步骤

1. 电工必须具备的条件

1）经医生检查无妨碍从事电气工作的病症，如高血压、聋哑、色盲、肢体残废功能受限等，如图10-1所示。

2）了解岗位责任区域内的供电线路及电气设备的性能。

3）熟悉掌握触电急救方法和事故紧急处理措施。

4）必须经过电工专业安全技术培训，考试合格持特种作业证上岗，如图10-2所示。学徒工和其他非持证电工，必须在持证电工的监护和指导下才准许操作。

图10-1 身体条件

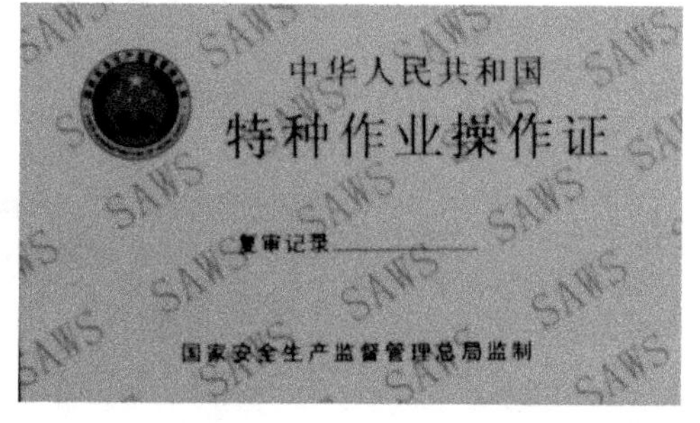

图10-2 持证上岗

2. 机床电气维修工

1）机床电气维修必须停电进行，严禁带电作业。

2）检修用照明灯应使用36V安全电压，灯头应有护罩。

3）使用吊装工具时，先检查设备是否良好，不准超负荷起吊，不准歪拉斜吊，吊物下不准站人。

4）拆装电机端盖、皮带轮、轴及轴承时，应用铜棒、木榔头、拉钩等专用工具，不准直接用铁锤、扁铲等敲打。

5）带有放大环节的设备电器，应调试后试车。试车前应采取安全措施，认真检查机械部分各限位器、零压、零磁、过压、过流继电器等是否安全可靠。

6）试车时，应注意观察电机转向、声音、量度等是否正常。工作人员要避开联轴节的旋转方向。工作结束后，要检查清理现场，断开电源，消除火源后，方可离去。

7）用汽油清洗电气零件时，严禁动用明火。

3. 机床电气故障检修的一般步骤

机床电气故障检修的一般有以下6个步骤。

1）故障调查　故障调查主要通过 5 种方式进行。

① 问：机床发生故障后，首先应向操作者了解故障发生前的情况，有利于根据电气设备的工作原理来分析发生故障的原因。

② 看：仔细察看各种元器件的外观变化情况。听在电路还能运行和不扩大故障范围的前提下，可通电试车，主要听有关电器在故障发生前后声音有否差异。

③ 摸：电动机、变压器和元器件的线圈发生故障时，温度显著上升，可切断电源后用手去触摸。

④ 闻：故障出现后，断开电源，将鼻子靠近电动机、变压器、继电器、接触器、绝缘导线等处。

⑤ 闻：闻是否有焦味。

2）电路分析。

3）断电检查。

4）通电检查。

5）排除故障。

6）通电试车。

4. 机床电气故障检修的一般方法

机床电气故障检修一般有 4 种方法：验电器法；校灯法；万用表法；短接线法。下面简要介绍万用表法和短接线法。

1）电压测量法：电压测量法是指利用万用表测量机床电气电路上某两点间的电压值来判断故障点的范围或故障元器件的方法。

对于如图 10-3 所示电路，用电压测量法查找故障点。将万用表置于 500V 交流电压挡，从 2-3 开始逐一检查（共五步），直到找出故障点，如表 10-1 所示。

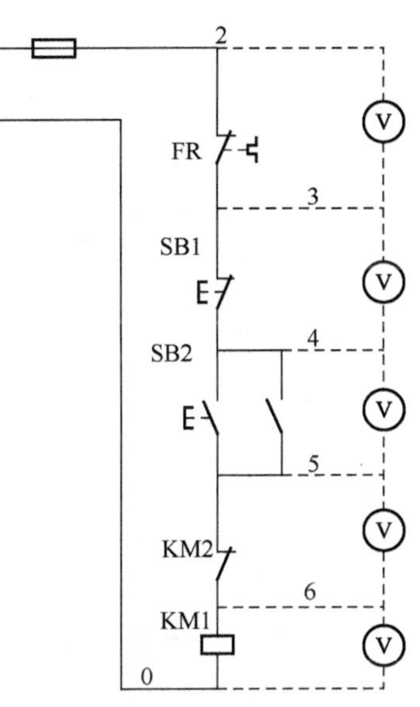

图 10-3　电压分阶测量法

表 10-1　电压测量法查找故障点　　（单位：V）

故障现象	2-3	3-4	4-5	5-6	6-0	故障点
按下 SB2，KM1 不吸合	380	0	0	0	0	FR 常闭触头断开
	0	380	0	0	0	SB1 常闭触头断开
	0	0	380	0	0	SB2 触头接触不良
	0	0	0	380	0	KM2 常闭触头接触不良
	0	0	0	0	380	KM1 线圈断路

2）电阻测量法：将万用表转换开关置于电阻适当倍率挡，按图所示方法测量，根据测量结果即可找出故障点。特别强调并注意：用万用表的电阻挡检测前必须先断开电源，确保线路无电下进行。

① 电阻分阶测量法之一。故障现象及判断：通电试车，按下起动按钮 SB2，接触器 KM1 不吸合。如果控制回路电源正常，则该电气回路有断路故障。

故障排除：按图 10-4 所示方法测量，根据测量结果即可找出故障点，见表 10-2。

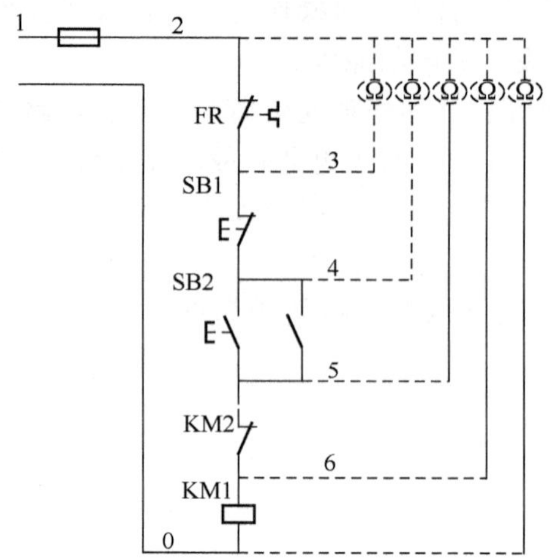

图 10-4　电阻分阶测量法之一

表 10-2　电阻分阶测量法找故障点

故障现象	2-3	2-4	2-5	2-5	2-6	故障点
按下 SB2，KM1 不吸合	∞	*	*	*	*	FR 常闭触头断开
	0	∞	*	*	*	SB1 常闭触头断开
	0	0	∞	*	*	SB2 常开触头按下不能闭合
	0	0	0	∞	*	KM2 常闭触头断开（SB2 常开触头按下）
	0	0	0	0	∞	KM1 线圈断开（SB2 常开触头按下）

② 电阻分段测量法之二。故障现象及判断：通电试车，按下起动按钮 SB2，接触器 KM1 不吸合。如果控制回路电源正常，则该电气回路有断路故障。

故障排除：按图 10-5 所示方法测量，根据测量结果即可找出故障点，见表 10-3。

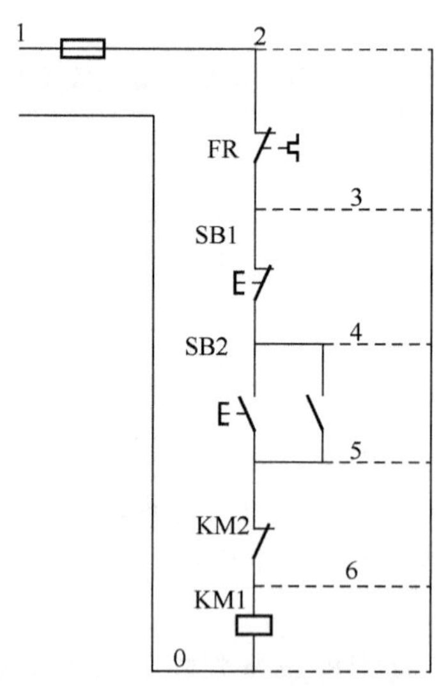

图 10-5　电阻分段测量法之二

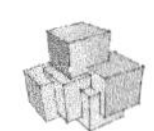

表 10-3　电阻分段测量法查找故障

故障现象	测量点	电阻值	故障点
按下 SB2，KM1 不吸合	2-3	∞	FR 常闭触头断开
	3-4	∞	SB1 常闭触头断开
	4-5	∞	SB2 常开触头按下不能闭合
	5-6	∞	KM2 常闭触头断开
	6-0	∞	KM1 线圈断开

10.1.2　实践训练：电动机正反转控制电路检修

任务 10.1 的工作内容，如表 10-4 所示。

表 10-4　电动机正反转控制电路检修任务

工作任务	要求
1）使用电阻法检测三相异步电动机正反转控制回路的电气故障 2）使用电压法检测三相异步电动机正反转主电路的电气故障	1）能正确通电试车，并根据故障现象先进行理论分析，确定故障范围 2）正确选择测量方法及万用表量程 3）能迅速找出故障点，并正确排除 4）注意安全操作，不能损坏元器件，不能扩大故障范围

1. 排除故障操作要求

1）此项操作可带电进行。

2）在检修过程中，测量并记录相关元器件的工作情况（触头通断、电压、电流）。

3）定额时间为 30min。

2. 检测情况记录

检测情况记录表，如表 10-5 所示。

表 10-5　电动机正反转控制电路检测情况记录表

元器件名称	元器件状况（外观、断电电阻）	工作电压	工作电流	触头通断情况	
				操作前	操作后

3. 操作注意事项

1）操作时不要损坏元器件。

2）各控制开关操作后，要复位。

3）排除故障时，必须修复故障点，严禁扩大故障范围或产生新故障。

4）检修所用工具、仪表等符合使用要求。

附：电动机正反转控制电路图，如图 10-6 所示。

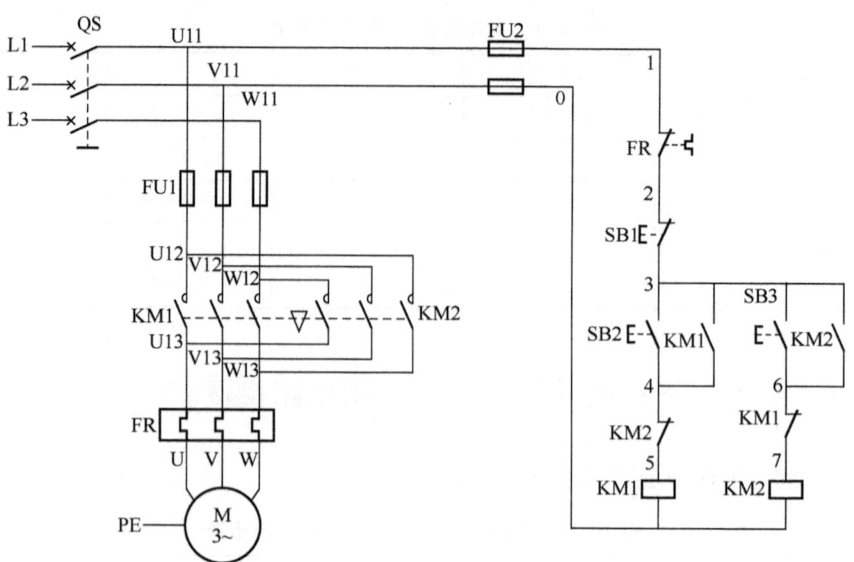

图 10-6　电动机正反转控制电路图

10.1.3　学习测评：电动机正反转控制电路故障检修技能测评

任务 10.1 的测评考核，见表 10-6。

表 10-6　正反转电路控制回路故障检修实训评价

<table>
<tr><th>项目内容</th><th>配分</th><th colspan="3">评分标准</th><th>得分</th></tr>
<tr><td rowspan="2">故障分析</td><td rowspan="2">30 分</td><td colspan="2">1）故障分析、排除故障思路不正确</td><td>扣 5～10 分</td><td></td></tr>
<tr><td colspan="2">2）不能标出最小故障范围</td><td>扣 15 分</td><td></td></tr>
<tr><td rowspan="10">排除故障</td><td rowspan="10">70 分</td><td colspan="2">1）断电不验电</td><td>扣 5 分</td><td></td></tr>
<tr><td colspan="2">2）工具及仪表使用不当</td><td>每次扣 5 分</td><td></td></tr>
<tr><td colspan="2">3）检查故障的方法不正确</td><td>扣 20 分</td><td></td></tr>
<tr><td colspan="2">4）排除故障的方法不正确</td><td>扣 20 分</td><td></td></tr>
<tr><td colspan="2">5）排除故障顺序不合理</td><td>扣 5～10 分</td><td></td></tr>
<tr><td colspan="2">6）不能查出故障</td><td>每个扣 35 分</td><td></td></tr>
<tr><td colspan="2">7）查出故障但不能排除</td><td>每个故障扣 25 分</td><td></td></tr>
<tr><td colspan="2">8）产生新的故障或扩大故障范围</td><td>每个扣 35 分</td><td></td></tr>
<tr><td colspan="2">9）损坏电器元件</td><td>每只扣 5～20 分</td><td></td></tr>
<tr><td colspan="4"></td></tr>
<tr><td>安全文明生产</td><td colspan="3">违反安全文明生产规程</td><td>扣 10～70 分</td><td></td></tr>
<tr><td>定额时间 30min</td><td colspan="3">不允许超时检查，每超时 5min</td><td>扣 5 分计算</td><td></td></tr>
<tr><td>备注</td><td colspan="3">除定额时间外，各项内容的最高扣分不得超过配分数</td><td>成绩</td><td></td></tr>
<tr><td>开始时间</td><td></td><td>结束时间</td><td></td><td>实际时间</td><td></td></tr>
</table>

知识拓展

1. 工业机械电气设备维修的一般要求

1）采取的维修步骤和方法必须正确，切实可行。

2）不可损坏完好的电器元件。

3）不可随意更换电器元件及连接导线的规格型号。

4）不可擅自改动线路。

5）损坏的电气装置应尽量修复使用，但不能降低其固有性能。

6）电气设备的各种保护性能必须满足使用要求。

7）绝缘电阻合格，通电试车能满足电路的各种功能，控制环节的动作程序符合要求。

8）修理后的电气装置必须满足其质量标准要求。

① 外观整洁，无破损和炭化现象。

② 所有的触头均应完整、光洁、接触良好。

③ 压力弹簧和反作用弹簧应具有足够的弹力。

④ 操纵、复位机构都必须灵活可靠。

⑤ 各种衔铁运动灵活，无卡阻现象。

⑥ 灭弧罩完整、清洁，安装牢靠。

⑦ 整定数值大小应符合电路使用要求。

⑧ 指示装置能正常发出信号。

2. 电气设备日常维护保养

1）电动机的日常维护保养。

2）控制设备的日常维护保养。

① 保持电气控制箱，操纵台上各种操作开关、按钮等清洁完好。

② 检查各连接点是否牢靠，有无松脱现象。

③ 检查各类指示信号装置和照明装置是否正常。

④ 清理接触器、继电器等接触头的电弧灼痕，看是否吸合良好，有没有卡住、噪声或迟滞现象。

⑤ 检查接触器、继电器线圈是否过热。

⑥ 检查电器柜及各种导线通道的散热情况，并防止水、汽及腐蚀性液体进入。

⑦ 检查电气设备是否可靠接地。

项目11 CA6140型车床电气控制线路的检修

知识目标

1. 了解CA6140型车床的功能、结构、加工特点及主要运动形式。

2. 能正确识读CA6140型车床控制电路的电路图，能正确理解CA6140型车床控制电路的工作原理。

3. 能正确识读CA6140型车床控制电路元器件的布置图。

4. 能分别对CA6140型车床控制电路的主轴电机回路、冷却泵电机回路、信号灯回路和照明灯回路等典型故障进行理论分析。

技能目标

1. 能熟练操作CA6140型车床的开关、按钮和操作手柄。

2. 能对CA6140型车床进行基本操作及调试。

3. 能快速排除CA6140型车床的电气故障。

情感目标

1. 有从事维修低压电工岗位的安全文明生产意识。

2. 能养成遵守安全操作规程的良好习惯。

3. 能与同事交流和合作，能正确处理与领导的关系。

规范标准

1. 《电气安全技术操作规程》。

2. 《电气设备制作维护安全技术操作规程》。

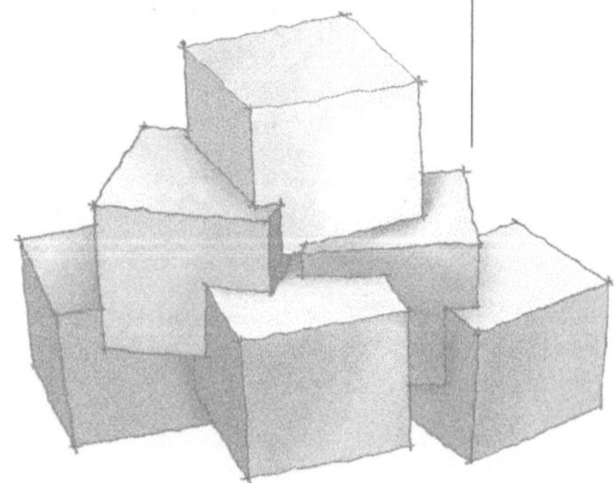

任务 11.1 CA6140型车床电路图及其工作原理

11.1.1 相关知识：CA6140 型车床电路图及其工作原理认知

1. 认识 CA6140 型车床

CA6140 型车卧式车床是生产企业应用极为广泛的金属切削机床设备，能够切削外圆、内圆、端面、螺纹、切断及割槽等，而且还可以装上钻头或铰刀进行钻孔和绞孔等加工。

(1) CA6140 型车床的主要结构和操纵部件

CA6140 型车床由进给箱、主轴箱、刀架、尾座、床身、光杆、丝杆和溜板箱等主要部件组成，其结构和操纵部件，如图 11-1 所示。

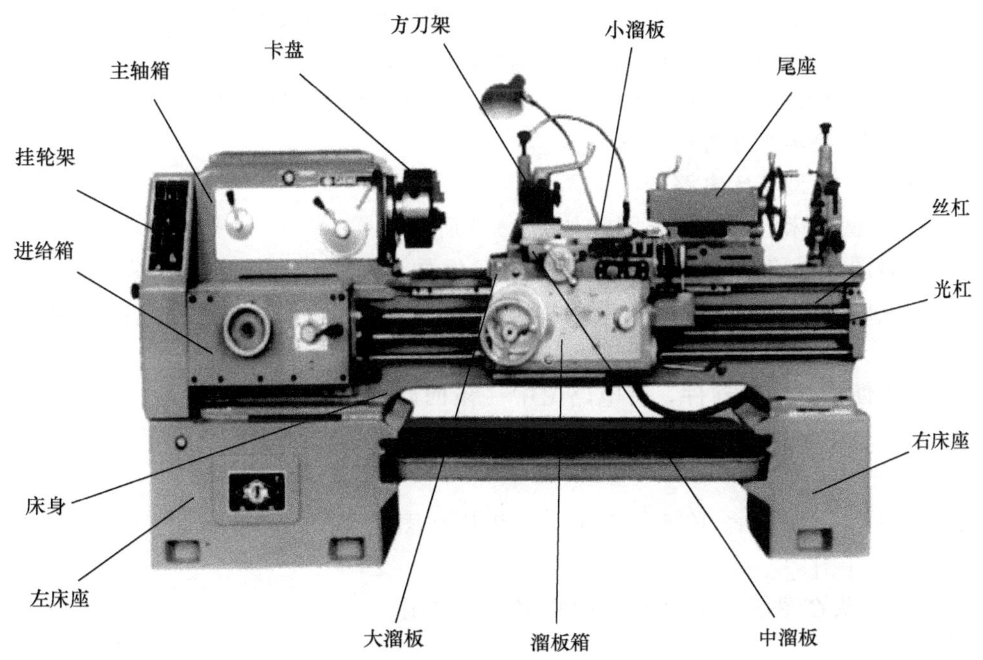

图 11-1 CA6140 型车床主要结构和操纵部件图

(2) CA6140 型车床的型号意义

CA6140 型车床的型号意义，如图 11-2 所示。

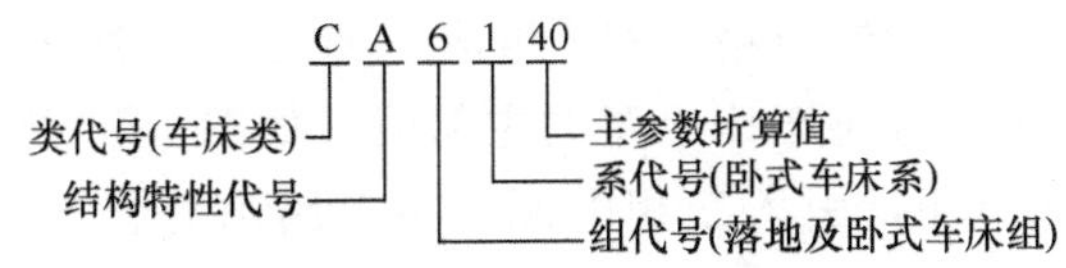

图 11-2 CA6140 型车床的型号意义

（3）CA6140 型车床的主要运动形式

CA6140 型车床的主要运动形式包括切削运动和进给运动。切削运动包括工件旋转的主轴运动和刀具的直线进给运动。进给运动是指刀架带动刀具的直线运动。辅助运动有尾座的纵向移动、工件的夹紧与放松。

（4）CA6140 型车床的电力拖动特点

① 主拖动电动机为三相异步电动机，调速为机械有级调速，由齿轮箱完成。

② 主拖动电动机的起动、停止采用按钮操作。

③ 电路装设过载、短路、欠电压和失电压等保护功能。

④ 具备安全的局部照明装置。

（5）CA6140 型车床的主要电气控制要求

① 主拖动电动机一般选用三相笼型异步电动机，并采用机械变速。

② 为实现溜板箱的快速移动，由单独的快速移动电动机拖动，且采用点动控制。

③ 车削加工时，需用切削液对刀具和工件进行冷却。

④ 冷却泵电动机与主轴电动机有着联锁关系，即冷却泵电动机应在主轴电动机起动后才可选择起动与否；而当主轴电动机停止时，冷却泵电动机立即停止。

⑤ 电路应有必要的保护环节、安全可靠的照明电路和信号电路。

2. CA6140 型车床电路的工作原理

（1）CA6140 型车床电路的电路图

CA6140 型车床电路的电路图，如图 11-3 所示。

① 电路图按电路功能分为若干个单元，例如 CA6140 型车床电路分为电源保护、电源开关、主轴电动机、短路保护等 13 个单元，并将这些功能标注在电路图最上面功能栏内。

② 为了便于查找元器件，将电路图中一条回路或一条支路划分为一个图区，并用阿拉伯数字一次标注在电路图最下面图区栏内。

③ 图中 $\overset{\text{KM}}{\begin{array}{c|c|c} 2 & 8 & \times \\ 2 & 10 & \times \\ 2 & & \end{array}}$，表示 KM 的 3 对主触头均在图区 2，一对辅助常开触头在图区 8，另一对常开触头在图区 10，两对辅助常闭触头未用。

④ 图中 $\overset{\text{KA2}}{\begin{array}{c|c} 4 & \\ 4 & \\ 4 & \end{array}}$，表示中间继电器 KA2 的 3 对常开触头均在图区 4，常闭触头未用。

（2）CA6140 型车床电路的工作原理

① 电源电路分析。CA6140 型车床电路的电路图的第 1 部分是电源电路，由电源保护 FU 和具有断电保护功能的断路器 QF 组成，如图 11-4 所示。

② 主电路分析。CA6140 型车床电路的主电路，如图 11-5 所示。

旋转开关 SB 且扳动 QF，引入三相电源。主电路由三台电动机组成：M1 为主轴电动机，有 KM 控制，并作失电压欠电压保护，FR1 作过载保护，FU 作短路保护；M2 为冷却泵电动机，在加工工件时输送切削液，由 KA1 控制，FR2 作过载保护；M3

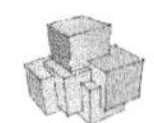

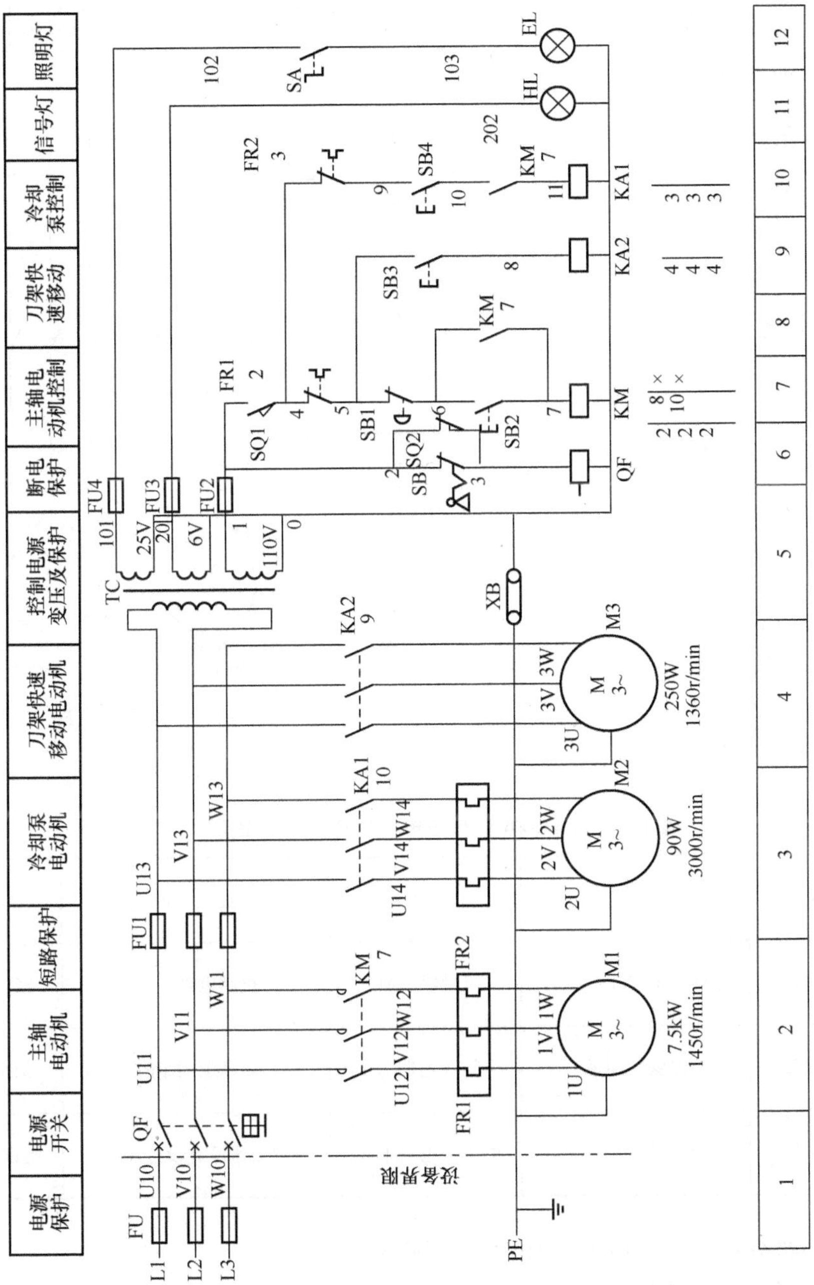

图 11-3　CA6140 型卧式车床电路

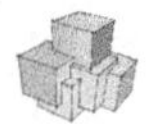

为刀架快速移动电动机，由KA2控制，FU1为M2、M3及TC短路保护。主电路功能说明，如表11-1所示。

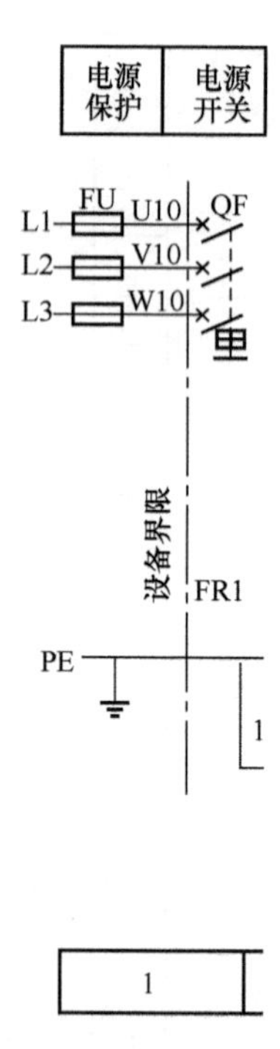

图11-4 CA6140型车床电路的电源电路

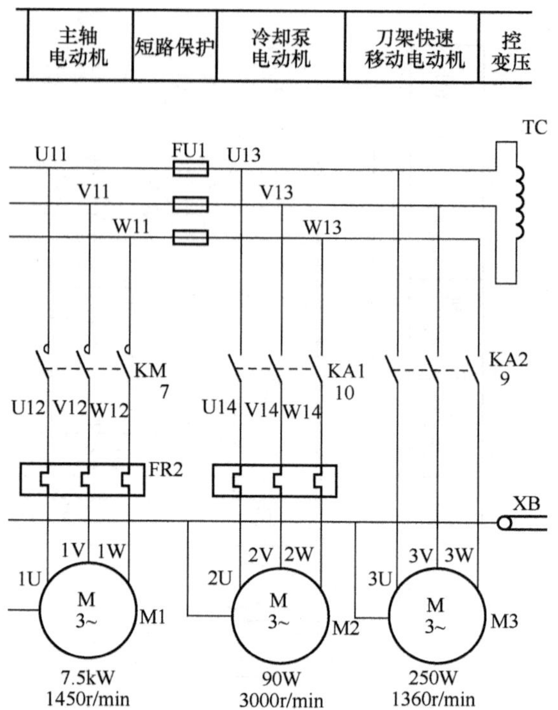

图11-5 CA6140型车床主电路

表11-1 CA6140型车床电路主电路功能说明

电动机名称	功能	控制电器	过载保护	短路保护
主轴电动机M1	拖动主轴和工件旋转	接触器KM1	热继电器FR1	断路器QF
冷却泵电动机M2	提供切削液	中间继电器KA1	热继电器FR2	熔断器FU1
快速移动电动机M3	拖动溜板快速移动	中间继电器KA2	短时工作没有设过载保护	熔断器FU1

③ 控制电路分析。控制电路，如图11-6所示。

a）主轴电动机M1的控制：由起动按钮SB2、停止按钮SB1和接触器KM1构成电动机单向连续运转起动/停止电路，如表11-2所示。

b）冷却泵电动机M2的控制：主轴电动机和冷却泵电动机M2在控制电路中实现顺序控制。

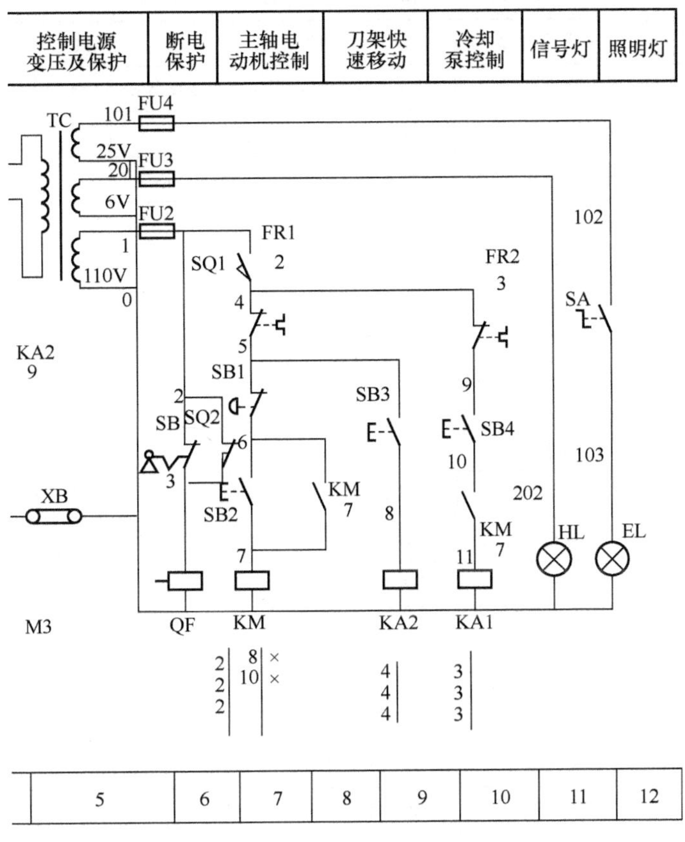

图 11-6　CA6140 型车床控制电路

c）快速移动电动机 M3 的控制：由按钮 SB3 来控制中间继电器 KA2，进而实现 M3 的点动。

d）照明与信号电路分析：控制变压器 TC 的二次侧输出 24V 和 6V 电压，为车床照明和指示灯提供电源。

表 11-2　主轴电动机 M1 的控制

控制要求	控制作用	控制过程
起动控制	起动主轴电动机 M1	选择好主轴的转速和转向，按下起动按钮 SB2，接触器 KM 线圈得电，自锁触头吸合并自锁，KM 主触头闭合，M1 起动运转，同时 KM 的辅助常开触头（10—11）闭合，为 KA 得电做准备，实现联锁
停止控制	停车时使主轴停转	按下停止按钮 SB1，接触器 KM 线圈断电，KM 的主触头分断，电动机 M1 断电停转

3. CA6140 型车床的电器设备型号规格、功能

CA6140 型车床的电器设备型号规格、功能，如表 11-3 所示。

表 11-3　CA6140 型车床的元器件明细

元器件代号	图上区号	元器件名称	型号规格	数量	用途
M1	2	主轴电动机	Y132M-4-B37.5kW，1450r/min	1	主轴及进给传动
M2	3	冷却泵电动机	AOB-2590W，3000r/min	1	提供切削液
M3	4	快速移动电动机	AOS5634250W，1360r/min	1	刀架快速移动
FR1	2	热继电器	JR36-20/3，15.4A	1	M1 过载保护
FR2	2	热继电器	JR36-20/3，0.32A	1	M3 过载保护
SB1	7	按钮	LAY3-01ZS/1	1	起动 M1
SB2	7	按钮	LAY3-10X/3.11	1	停止 M1
SB3	9	按钮	LA9	1	起动 M3
SB4	10	按钮	LAY3-10X/2	1	控制 M2
SB	6	旋钮开关	LAY3-01Y/2，带钥匙	1	电源开关锁
FU1	2	熔断器	BZ001，熔体 6A	3	M2、M3 短路保护
FU2	5	熔断器	BZ001，熔体 1A	1	控制电路短路保护
FU3	5	熔断器	BZ001，熔体 1A	1	信号灯短路保护
FU4	5	熔断器	BZ001，熔体 2A	1	照明电路短路保护
KM	2	交流接触器	CJ20-20，线圈电压 110V	1	控制 M1
KA1	3	中间继电器	JZ7-44，线圈电压 110V	1	控制 M2
KA2	4	接触器	JZ7-44，线圈电压 110V	1	控制 M3
SQ1、SQ2	7、6	行程开关	JWM6—11	2	断路保护
TC	5	控制变压器	JBK2-100，380/110/24/6V	1	控制电路电源
QF	1	断路器	AM2-40，20A	1	电源开关
HL	11	信号灯	ZSD-0.6V，6V	1	电源指示
EL	12	照明灯	JC11，24V	1	工作照明

11.1.2　实践训练：CA6140 型车床电路顺序控制实训

1）简述主轴电动机电路的工作原理、保护功能。

2）简述冷却泵电动机电路的工作原理、保护功能。

3）简述刀架快速移动电动机电路的工作原理、保护功能。

4）CA6140 型车床电路有顺序控制吗？如果有，是哪两台电动机作顺序控制？简述顺序控制的原理。

11.1.3　学习测评：CA6140 型车床电路图及其工作原理测评

任务 11.1 的测评考核，见表 11-4。

表 11-4　CA6140 型车床电路图及工作原理测评考核

题号	要求	测评考核		备注
		自测值	互测值	
1	内容正确，表达清晰，语句通顺、简练			
2				
3				
4				

任务 11.2　CA6140型车床各元器件的认知及车床操作

11.2.1　相关知识：CA6140 型车床的元器件布置图及车床操作须知

1. CA6140 型车床的元器件布置图

CA6140 型车床的元器布置图，如图 11-7 所示。

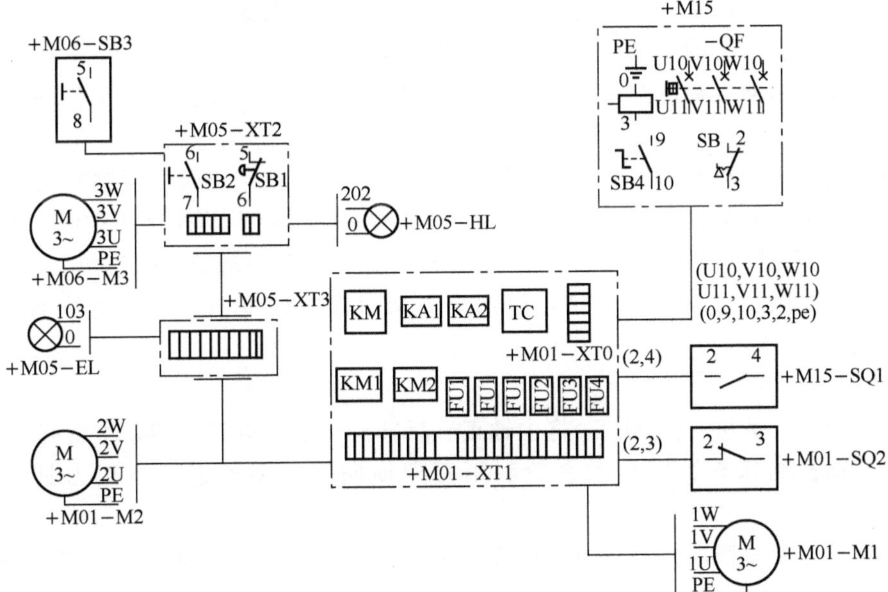

图 11-7　CA6140 型车床的元器布置图

2. 操作注意事项

1）操作前必须熟悉车床的结构和操作部件的功能。

2）在通电操作前注意检查床头皮带罩是否盖好。

3）在通电操作前检查配电盘壁龛门是否关好。

4）操作调试过程中，必须做好安全保护措施，如有异常情况必须立即切断电源。

5）必须在教师的监护指导下操作，不得违反安全操作规程。

11.2.2 实践训练：车床操作实训

1. 根据元器件布置图逐一核对所有低压元器件

1）此项操作断电进行。

2）在核对过程中，观察并记录该元器件的型号及安装方法。

3）观察每个元器件的电路连接方法。

4）使用万用表测量各元器件触头操作前后的通断情况并做记录。

2. 车床操作实训

准备步骤：

1）总电源开关钥匙 SB 旋转到 ON 接通位置，打开照明灯开关 SA。

2）装夹工件前把卡盘罩打开。

3）根据工件的不同采取相应的装夹方法，将工件夹紧卡在卡盘上。

4）根据加工工件材料的不同选择不同材料和参数的道具。

5）开车前关闭卡盘防护罩和刀架防护罩。

6）用主轴箱上的手柄和转速标志牌选择合适的主轴转速。

7）扳动主轴箱上的手柄，选择合适的进给量。

8）用刀架横向自动进给手柄和快速移动按钮，将刀架移动到靠近工件的位置。

手动进给：

1）开启主电动机开关 SB2，把主轴正反转操作手柄扳到正转，主轴起动。

2）刀架纵横向自动进给手柄扳到十字开口槽中间，用手动控制床鞍纵向移动手轮和下刀架横向移动手柄，正、反转手轮和手柄，即可实现手动正、反进给。

3）手动控制上刀架移动手柄，根据上刀架扳动的角度不同，转动手柄即可进行纵、横向和斜向进给。

自动进给：

1）开启主电动机开关 SB2，将主轴正、反转操作手柄扳到正转，主轴起动。

2）手动控制床鞍纵向移动手轮和下刀架横向移动手柄进行校正刀具和工件的距离。

3）扳动刀架纵横向自动进给手柄即可进行横向的正、反自动进给，将手柄扳到十字开口槽中间，进给停止。

4）当操纵过程中需要刀架快速移动时，可按手柄顶部按钮 SB3，松开按钮，快速停止。

停机操作：

1）用刀架纵横向自动进给手柄，将刀架移动到靠近床尾端，横向移动到靠近手柄端。

2）将主轴正、反转手柄扳到中间位置。

3）按下电动机停止按钮 SB1，使电动机停止转动。

4）如使用冷却功能，将冷却泵开关扳到关的位置“0”。

5）将照明灯开关 SB 关闭。

6）将电源总开关转到 OFF 断开位置。

3. 工具、仪表、耗材及器材明细

工具、仪表、耗材及器材明细，见表 11-5。

表 11-5　工具、仪表、耗材及器材明细

序号	名称	型号与规格	单位	数量
1	卧式车床	CA6140 型	台	1
2	电工通用工具	验电器、钢丝钳、螺钉旋具（一字形和十字形）、电工刀、尖嘴钳、活扳手、剥线钳等	套	1
3	万用表	自定	块	1
4	绝缘电阻表	型号自定，或 500V、0～200MΩ	台	1
5	钳形电流表	0～50A	块	1
6	劳保用品	绝缘鞋、工作服等	套	1

11.2.3　学习测评：CA6140 型车床操作技能测评

任务 11.2 测评考核，见表 11-6。

表 11-6　CA6140 型车床各元器件的安装及操作测评考核

题号	要求	测评考核		备注
		自测值	互测值	
1	正确、认真、规范、快速			
2				

任务 11.3　CA6140型车床常见故障及检修

11.3.1　相关知识：CA6140 型车床的常见故障及检修认知

1. 主轴故障

1）按下起动按钮，主轴电动机不能起动。若接触器 KM 吸合，主轴电动机仍不能起动，则故障必然是发生在主电路。主回路故障应先立即切断电源，最好不要通电测量，以免扩大故障范围，可以采用电阻法测量。如 KM 不吸合，则先检查控制电路。其检修步骤，如图 11-8 所示。

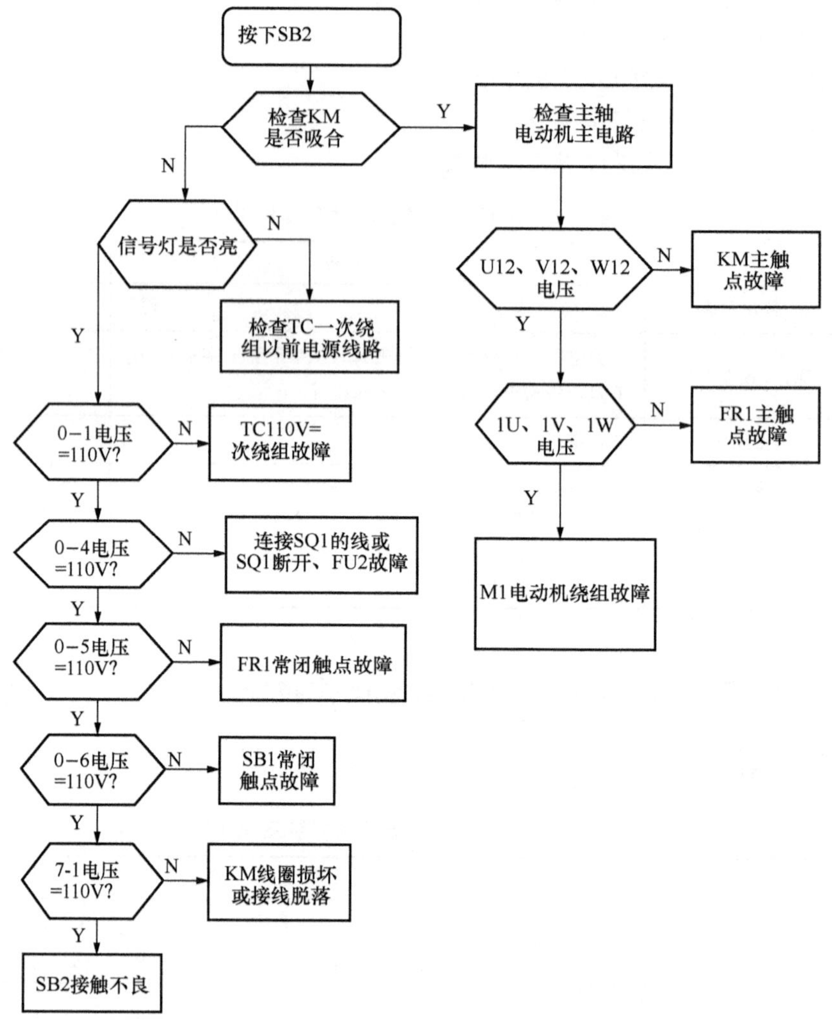

图 11-8　主轴电动机故障检修流程图

2）主轴电动机 M1 起动后不能自锁，检修步骤，如图 11-9 所示。

3）主轴电动机 M1 不能停止，可按图 11-10 流程检查。

4）主轴电动机运行中停车。一般是过载保护 FR1 动作，原因可能是：电源电压不平衡或过低；整定值小，负载过重；连接导线复位不良等。

2. 冷却泵电机 M3 不能起动

可以先查看主轴电动机能否正常运行。若主轴电动机正常，可以用电压测量法查找 FR2 常闭触点、SB4 常开触点、KM 常开触点、KA1 线圈及其之间连线是否有故障。

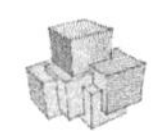

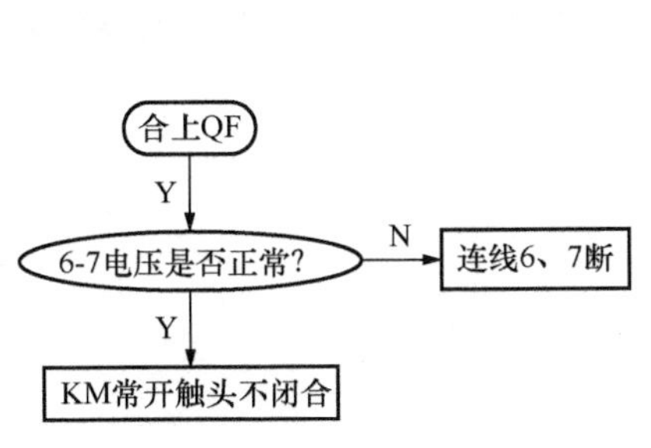

图 11-9　主轴电动机 M1 起动后不能自锁故障检修流程图

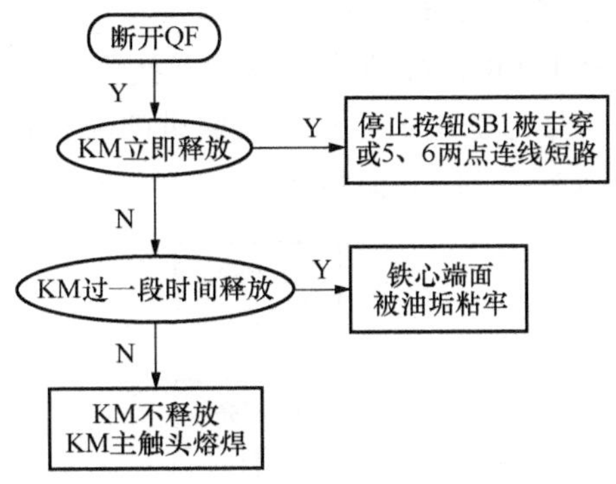

图 11-10　主轴电动机 M1 起动后不能停止故障检修流程图

提示：

以上介绍的检测流程都是顺着电路图逐一检查的，实际测量中应根据充分试车情况尽量缩小故障区域。在实际机床故障检修中还要注意元器件的实际安装位置，为缩短故障的检测时间，应将处于同一区域元件上有可能出现的故障点优先测量，可以参考车床接线图。

3. 信号灯回路故障

合上配电箱壁龛门，插入钥匙开关旋至接通位置，合上 QF，如果电源信号灯不亮，可按图 11-11 流程图检查。

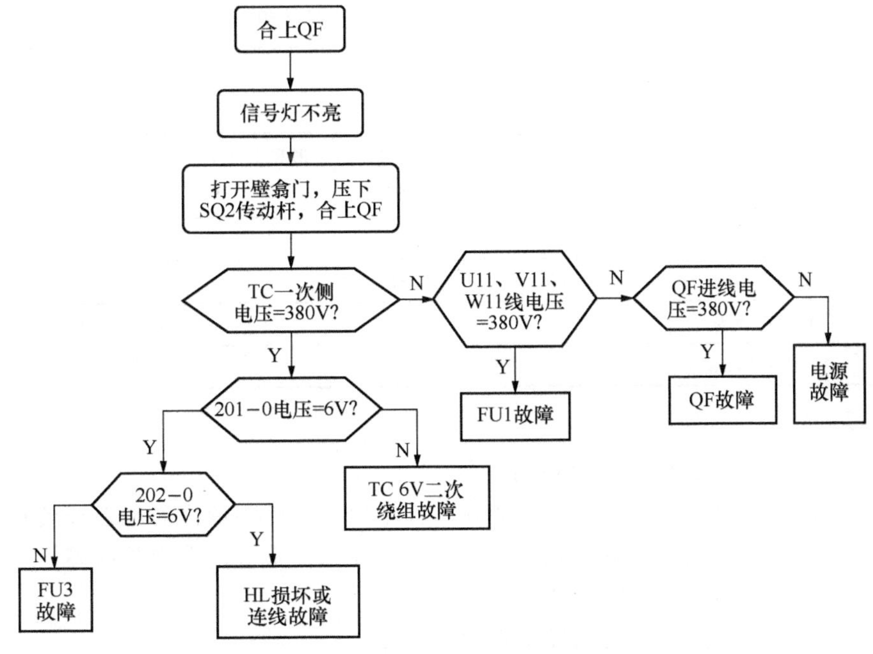

图 11-11　信号灯回路故障检查步骤

4. 照明灯回路故障

合上 QF，拧动旋钮 SA 至接通位置，EL 灯不亮。可以先查看信号灯是否正常，如果信号灯也不亮，先按上面讲的流程检查 TC 一次绕组及以前的线路，如果信号等正常，则按图 11-12 流程检查。

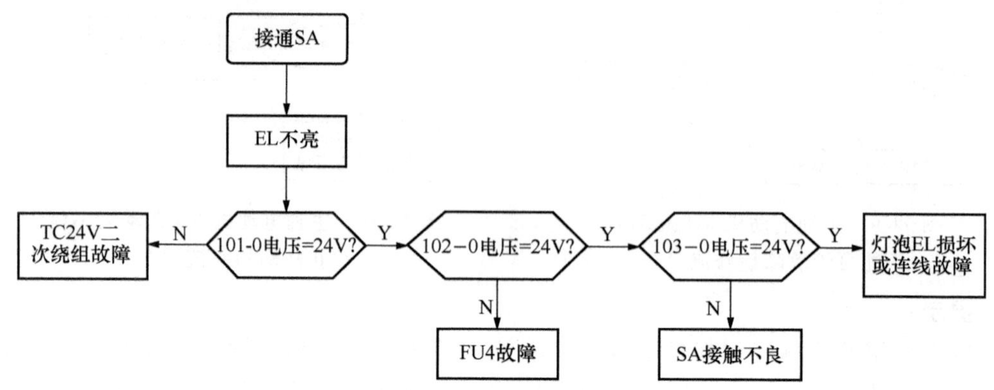

图 11-12　照明灯回路故障检查步骤

11.3.2　实践训练：CA6140 型车床故障检修实训

工具、仪表、耗材及器材明细，如表 11-7 所示。

表 11-7　工具、仪表、耗材及器材明细

序号	名称	型号与规格	单位	数量
1	卧式车床	CA6140 型	台	1
2	电工通用工具	验电器、钢丝钳、螺钉旋具（一字形和十字形）、电工刀、尖嘴钳、活扳手、剥线钳等	套	1
3	万用表	自定	块	1
4	绝缘电阻表	型号自定，或 500V、0～200MΩ	台	1
5	钳形电流表	0～50A	块	1
6	劳保用品	绝缘鞋、工作服等	套	1

任务准备——设置故障注意事项：

① 教师在设置故障时必须模拟车床在工件中由于受外界原因影响造成的自然现象。

② 不能设置更改线路或更换元件等由于人为原因而造成的非自然故障。

③ 设置故障不能损坏电路元器件。

④ 不能设置造成人身事故和设备事故的故障。

⑤ 故障设置必须由教师操作。

1. 主回路故障检修

实习指导教师在每个机床上设置主回路故障一处。

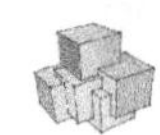

1）操作要求：

① 在允许情况下先试车，记录故障现象，根据电路图分析故障原因，确定故障范围。

② 检修前先向教师说明分析过程及要修复的元件。

③ 修复操作要断电进行。

④ 定额时间 30min。

2）将检测情况填入记录表 11-8。

表 11-8　CA6140 型车床电路故障检测情况记录

设备名称	设备状况 （外观、断电电阻）	工作电压	工作电流	触头通断情况（选填）	
				操作前	操作后

2. 控制回路故障排除

实习指导教师在每个机床上设置快速进给电动机不能起动和主轴电动机不能自锁的故障各一处。

1）操作要求：

① 此项操作可带电进行。

② 操作每一控制开关前，先观察该控制开关所控机床部位的运动情况。

③ 认真观察故障现象，确定故障范围后再动手检修。

④ 在检修过程中，测量并记录相关电器元件及电机的工作情况（触点通断、电压、电流）。

⑤ 检修过程中，两人要搞好配合。

⑥ 定额时间 60min。

2）将检测情况填入记录表 11-9。

表 11-9　控制回路检测情况记录表

设备名称	设备状况 （外观、断电电阻）	工作电压	工作电流	触点通断情况（选填）	
				操作前	操作后

3. 操作注意事项

1）操作时不要损坏元件。

2）各控制开关的检测，测通断电阻时，必须断电。

3）检修过程中不要损伤导线或使导线连接脱落。

11.3.3 学习测评：CA6140型车床故障排除技能测评

检查评议

学生在完成每一项任务过程中，指导教师必须在现场巡视和指导，指导学生养成良好的操作习惯，培养学生观察问题、分析问题和解决问题的综合能力，并在每次任务完成时对学生进行综合能力评价，围绕"实训评价表"得分情况逐一进行分析，通过评议使学生不但加深对专业知识的理解，同时提高自身分析问题和解决问题的综合能力。学生每项任务得分参照每项任务后附"评分情况记录表"。

1）主回路故障排除评价，见表11-10。

表11-10 主回路故障排除评价

<table>
<tr><th>项目内容</th><th>配分</th><th colspan="3">评分标准</th><th>得分</th></tr>
<tr><td>故障分析</td><td>30分</td><td colspan="3">1）故障分析、排除故障思路不正确 扣5～10分
2）不能标出最小故障范围 扣15分</td><td></td></tr>
<tr><td>排除故障</td><td>70分</td><td colspan="3">1）断电不验电 扣5分
2）工具及仪表使用不当 每次扣5分
3）排除故障顺序不合理 扣5～10分
4）检查故障的方法不正确 扣20分
5）排除故障的方法不正确 扣20分
6）不能查出故障 每个扣35分
7）查出故障但不能排除 每个故障扣25分
8）产生新的故障或扩大故障范围 每个扣35分
9）损坏电器元件 每只扣5～20分</td><td></td></tr>
<tr><td>安全文明生产</td><td colspan="4">违反安全文明生产规程 扣10～70分</td><td></td></tr>
<tr><td>定额时间30min</td><td colspan="4">不允许超时检查，每超时5min 扣5分计算</td><td></td></tr>
<tr><td>备注</td><td colspan="3">除定额时间外，各项内容的最高扣分不得超过配分数</td><td>成绩</td><td></td></tr>
<tr><td>开始时间</td><td></td><td>结束时间</td><td></td><td>实际时间</td><td></td></tr>
</table>

2）控制电路故障排除评价，见表11-11。

表11-11 控制回路故障排除评价

项目内容	配分	评分标准	得分
故障分析	30分	1）故障分析、排除故障思路不正确 扣5～10分 2）不能标出最小故障范围 扣15分	

续表

<table>
<tr><th>项目内容</th><th>配分</th><th colspan="3">评分标准</th><th>得分</th></tr>
<tr><td>排除故障</td><td>70 分</td><td colspan="3">1）断电不验电　扣 5 分
2）工具及仪表使用不当　每次扣 5 分
3）排除故障顺序不合理　扣 5～10 分
4）检查故障的方法不正确　扣 20 分
5）排除故障的方法不正确　扣 20 分
6）不能查出故障　每个扣 35 分
7）查出故障但不能排除　每个故障扣 25 分
8）产生新的故障或扩大故障范围　每个扣 35 分
9）损坏电器元件每只　扣 5～20 分</td><td></td></tr>
<tr><td>安全文明生产</td><td colspan="4">违反安全文明生产规程　扣 10～70 分</td><td></td></tr>
<tr><td>定额时间 30min</td><td colspan="4">不允许超时检查，每超时 5min　扣 5 分计算</td><td></td></tr>
<tr><td>备注</td><td colspan="3">除定额时间外，各项内容的最高扣分不得超过配分数</td><td>成绩</td><td></td></tr>
<tr><td>开始时间</td><td></td><td>结束时间</td><td></td><td>实际时间</td><td></td></tr>
</table>

提示：

（1）设备起动前的检查

设备起动前要检查刀具与加工工件位置，不要在进刀情况下起动；起动前要清理工作面上的其他杂物；不要设置断开接地线的故障；在控制箱外布线时，导线要另加绝缘防护且不允许导线中间有接头；在进行快速进给故障排除时，溜板箱要置于床身导轨的中间部位，防止运动部件与车头或尾座相撞。

（2）操作过程中问题

1）设备应在教师指导下操作，安全第一。进行排故训练时，必须有指导教师在现场监护。

2）在操作中若发出不正常声响，应立即断电，查明故障原因再修。

3）发现熔芯熔断，应找出故障后，方可更换同规格熔芯。

4）在维修过程中如果改动线路后，故障仍存在，要将改动线路复原。

5）操作时用力不要过大，速度不宜过快；操作频率不宜过于频繁。

6）实习结束后，关闭电源开关，将各操作开关复位，拔出电源插头等。

7）作好检修记录。

（3）设备维护

1）设备在经过一定次数的排故训练使用后，如线路凌乱、不规整，可按原理图重新进行配线，但要同原来线路位置、编号一致。

2）更换电器配件或新电器时，应按原型号配置。

3）机床在使用过程中，每次要做好机床运动部件的润滑工作，保持机床整洁，作好各电器元件保养工作。

4）各元件安装必须要牢固，尤其是电动机、卡盘等的安装。

理论试题精选

一、选择题

1. 主轴电动机与冷却泵电动机的电气控制的顺序是（　　）。

A. 主轴电动机起动后，冷却泵电动机方可选择起动

B. 主轴电动与冷却泵电动机同时起动

C. 冷却泵电动机起动后，主轴电动机方可选择起动

D. 冷却泵电动机由组合开关控制，与主轴电动机无电气关系

2. 用电压测量法检查低压电气设备时，把万用表扳到交流电压（　　）挡位上。

A. 10V　　B. 50V　　C. 100V　　D. 500V

3. 检修后的机床电器装置，其操纵、复位机构必须（　　）。

A. 无卡阻现象　　B. 灵活可靠　　C. 接触良好　　D. 外观整洁

4. 在检查电气设备故障时，（　　）只适用于电压降极小的导线及触头之类的电气故障。

A. 短路法　　B. 电阻测量法

C. 电压测量法　　D. 外表检查法

5. 更换或修理各种继电器时，其型号、规格、容量、线圈电压及技术指标，应与原图样要求（　　）。

A. 稍有不同　　B. 相同　　C. 可以不同　　D. 随意确定

6. 在分析主电路时，应根据各电动机和执行电器的控制要求，分析其控制内容，如电动机的起动、（　　）等基本控制环节。

A. 工作状态显示　　B. 调速

C. 电源显示　　D. 参数测定

二、判断题

（　　）1. CA6140 型车床的主轴电动机与冷却泵电动机的控制属于顺序控制。

（　　）2. 常用电气设备电气故障产生的原因主要是自然故障。

（　　）3. 机床电气装置的所有触头均应完整、光洁、接触良好。

（　　）4. 机床的电气连接安装完毕后，对照原理图和接线图认真检查，有无错接、漏接现象。

（　　）5. 如果加强对电气设备的日常维护保养，就可以杜绝电气故障的发生。

（　　）6. 电动机的接地装置应经常检查，使之保持牢固可靠。

三、问答题

1. 简述机床电气设备维修的一般步骤。

2. CA6140 型车床电气控制电路中有几台电动机？它们的作用分别是什么？

3. 带电检修时，能否采用电阻法测量？

4. 在 CA6140 型车床电气控制电路中，为什么没对快速移动电动机进行过载保护？

5. CA6140 型车床电气控制电路中，照明电路和信号电路的电源电压是多少？

四、操作练习题

1. 检修 CA6140 型车床主轴电动机 M1 不能正常起动的电气电路故障。
2. 检修 CA6140 型车床主轴电动机 M1 起动后不能自锁的电气电路故障。
3. 检修 CA6140 型车床主轴电动机 M1 不能停车的电气电路故障。
4. 检修 CA6140 型车床主轴电动机 M1 运行中自动停车的电气电路故障。
5. 检修 CA6140 型车床冷却泵电动机不能正常运转的电气电路故障。
6. 检修 CA6140 型车床快速移动电动机不能起动的电气电路故障。
7. 检修 CA6140 型车床照明灯不亮的电气电路故障。
8. 检修 CA6140 型车床指示灯不亮的电气电路故障。

操作练习要求

1. 在 CA6140 型车床上，人为设置隐蔽故障 3 处，其中主电路 1 处，控制电路 2 处。
2. 学生排除故障过程中，教师要进行监护，注意安全。
3. 学生排除故障过程中，应正确使用工具和仪表。
4. 排除故障时，必须修复故障点并通电试车。
5. 安全文明操作。

主要参考文献

冯志坚，邢贵宁．2007．常用电力拖动控制线路安装与维修［M］．北京：机械工业出版社．

国家经贸委安全生产局．2000．电工作业［M］．北京：气象出版社．

刘玉章．2009．电工工艺训练［M］．北京：高等教育出版社．

田淑珍．2007．工厂电气控制设备及技能训练［M］．北京：机械工业出版社．